현 난치병 세계!

〈내 리즈를 통해 명쾌한 해답과 함께,

건강을 지키는 새로운 치료법을 배워보자.

건강을 잃으면 모두를 잃습니다. 그럼에도 시간에 쫓기는 현대인들에게 건강은 중요하지만 지키기 어려운 것이 되어버렸습니다. 질 나쁜 식사와 불규칙한 생활습관, 나날이 더해가는 환경오염……. 게다가 막상 질병에 걸리면 병원을 찾는 것 외에는 도리가 없다고 생각해버리는 분들이 많습니다.

상표등록(제 40-0924657) 되어있는 〈내 몸을 살리는〉 시리즈는 의사와 약사, 다이어트 전문가, 대체의학 전문가 등 각계 건강 전문가들이 다양한 치료법과 식품들을 엄중히 선별해 그 효능 등을 입증하고, 이를 일상에 쉽게 적용할 수 있도록 핵심적 내용들만 선별해 집필하였습니다. 어렵게 읽는 건강 서적이 아닌, 누구나 편안하게 머리맡에 꽂아두고 읽을 수 있는 건강 백과 서적이 바로 여기에 있습니다.

흔히 건강관리도 노력이라고 합니다. 건강한 것을 가까이 할수록 몸도 마음도 건강해집니다. 〈내 몸을 살리는〉 시리즈는 여러분이 궁금해 하시는 다양한 분야의 건강 지식은 물론, 어엿한 상표등록브랜드로서 고유의 가치와 철저한 기본을 통해 여러분들에게 올바른 건강 정보를 전달해드릴 것을 약속합니다.

이 책은 독자들에게 건강에 대한 정보를 제공하고 있으며, 수록된 정보는 저자의 개인적인 경험과 관찰을 바탕으로 한 것이다. 지병을 갖고 있거나, 중병에 걸렸거나 처방 약을 복용하고 있는 경우라면, 반드시 전문가와 상의해야 한다. 저자와 출판사는 이 책에 나오는 정보를 사용하거나 적용하는 과정에서 발생되는 어떤 부작용에 대해서도 책임을 지지 않는다는 것을 미리 밝혀 둔다.

내 몸을 살리는
오메가-3

이은경 지음

모아북스
MOABOOKS

저자 소개

이은경 e_mail:imagnes11@gmail.com
저자는 연세대학교에서 경영학을 전공하였으며 졸업 후 청소년상담 등을 했으며 현재는 건강강좌 강사로 활동하며 강연을 통해 올바른 영양학적 치유와 식습관 개선의 건강 정보를 전하는데 앞장서고 있다

내 몸을 살리는 오메가-3

초판 1쇄 인쇄 2014년 11월 05일
4쇄 발행 2018년 04월 15일

지은이 이은경
발행인 이용길
발행처 MOABOOKS 모아북스

관리 양성인
디자인 이룸

출판등록번호 제 10-1857호
등록일자 1999. 11. 15
등록된 곳 경기도 고양시 일산동구 호수로(백석동) 358-25 동문타워 2차 519호
대표 전화 0505-627-9784
팩스 031-902-5236
홈페이지 www.moabooks.com
이메일 moabooks@hanmail.net
ISBN 978-89-97385- 52 - 2 03570

당신의 건강, 오메가-3로 지킬 수 있다

우리가 살고 있는 현대 사회는 복잡하고 상시적인 경쟁에서 벗어날 수 없으며 따라잡기 힘들 만큼 변화의 속도가 빠른 시대다. 이에 따라 현대인은 항상 복잡하고 다양한 스트레스에 시달리고 있다. 하루가 다르게 변화하는 세상에 발맞추기 위해 제대로 된 휴식은 커녕 기본적인 건강관리조차 어려운 실정이다.

그러니 몸이 고장 나도 잘 알지 못하고 제대로 회복할 틈 없이 바쁘게 살다가 결국은 병원에 의지해 병을 다스리게 된다. 건강한 삶을 뜻하는 웰빙의 취지와 달리, 실상은 건강관리가 아니라 병 관리에 급급한 것이

현실이라는 얘기다. 예전보다 부유한 환경 속에서 생활·문화적 풍요를 누리기 위해 건강이라는 매우 비싼 대가를 치르고 있는 셈이다.

특히 앉아서 일하는 사무직이 증가하고 서구형 식습관이 만연하면서 현대인의 건강 상태는 점차 심각해지고 있다. 여기에다 심리적 압박과 스트레스, 나날이 심해지는 환경오염, 만성적인 운동 부족도 우리가 타고난 건강 자산을 갉아먹는 요인이다.

그럼에도 대부분의 사람들은 하루 하루 사는 것에 급급해 이 모든 위험들을 방비할 틈이 없이 살아가고 있다. 최근 '자연친화적인 건강한 삶과 먹거리' 가 중요한 건강 이슈로 등장한 것도 현대인이 살고 있는 이런 환경에 대한 자성의 목소리다.

건강하게 장수하는 사람들은 단순한 삶을 산다. 이들이 꼽는 최고의 건강 비결은 결국 자연친화적인 삶과 자연친화적인 식습관이다. 이 중에서도 먹거리는 인간의 장수를 결정짓는 핵심 요인이다. 현대 의학의 아버지 히포크라테스는 "오늘 내가 먹은 음식이 나를 만든다"고 했다. 즉, 건강한 식습관이 우리 건강에 미치는 영향은 가히 절대적이며 최근 들어 건강한 먹거리에 관심이 집중되고 있는 이유도 여기에 있다.

수많은 언론이 대서특필하며 권장하는 슈퍼 푸드나 항암 식품 등이 바로 여기에 속하며, 실제로 이런 음식들이 우리의 면역체계를 튼튼히 하고 질병을 예방하고 치유한다는 증거가 속속 드러나고 있다. 무리한 식이요법 없이 평소 먹는 음식만 제대로 알고 섭취해도 현대병이라 불리는 고혈압, 당뇨병, 암, 아토피, 알러지, 천식 등의 다양한 난치병을 개선할 수 있다고 많은 전문가들이 입을 모으고 있는 것이다.

이 책은 최근 들어 최고의 건강기능식품으로 각광 받고 있는 오메가-3 지방산의 효능과 효과를 친절하고 상세하게 알려준다. 현재 오메가-3는 종합 비타민에 이어 우리나라 사람들이 가장 선호하는 건강기능식품 중 하나로 심혈관계 질환의 예방은 물론 항암 효과까지 있다고 알려져 있다.

이 책의 목적은 오메가-3가 어떻게 우리의 평생건강에 기여하는지, 어떤 기전으로 질병을 예방하고 치유를 도와주는지를 상세하게 개괄함으로써 오메가-3의 효능을 널리 알리는 것이다. 평생건강을 지키기 위해 식습관을 바꾸거나 건강기능식품 섭취를 고려하고 있는 분이라면 반드시 이 책을 읽고 오메가-3의 기능에 대해 알아둘 필요가 있을 것이다. 나아가 이 책은 다음과 같은 분들을 위해서도 유용하다.

- 심혈관계 질환에 관심이 많으신 분들
- 평소 제대로 된 식사를 하지 못하는 바쁜 직장인
- 수술 후 회복을 도모하는 분들
- 가족들의 건강을 지키려는 주부님들

이 모든 분에게 이 책의 일독을 권한다.

이은경

차례

6장 오메가-3, 무엇이든 물어보세요 _94

1장 현대인들 왜 오메가-3에 주목해야 하는가?

1) 심혈관 질환이 현대인을 위협한다

최근 한국개발연구원이 발표한 보고서는 우리를 괴롭히는 현대병과 관련해 의미심장한 경고를 보내고 있다. 최근 높은 의료비를 감당하지 못해 질병이 발생하면 곧바로 빈곤층으로 떨어지는 '메디컬 푸어' 가 54만 가구에 이른다는 것이다. 여기에서 중요한 것은 메디컬 푸어를 괴롭히는 질병 1위가 심혈관 질환이라는 점이다. 이는 각종 암 이상으로 심혈관 질환 환자가 있는 가정도 빈곤층으로 떨어질 가능성이 높다는 것을 뜻한다.

대다수 사람들은 가장 두려운 질병으로 '암' 을 꼽는다. 물론 암은 여전히 확고부동한 한국인의 사망 원인 1위로서 나날이 발병률이 증가하고 있다. 그러나 최근 심혈관 질환 역시 한국인의 3대 사망원인 중 하나로 나날이 증가세에 있다.

심혈관 질환 환자가 늘어나는 이유

통계에 의하면 한국 성인 4명 중 1명은 고혈압, 고지혈증 환자다. 고혈압과 고지혈증은 필요 이상으로 많은 지방성분 물질이 혈액 내를 떠돌다가 혈관 벽에 쌓여 염증을 일으키는 심혈관계 질환으로 심하면 급작스러운 사망으로까지 이어지며, 특히 중장년층에서 이 질환이 크게 증가하는 추세다.

이 질환들은 처음에는 자각 증상이 별로 없이 가볍게 시작하나 진행될수록 약에 의존해야 하며, 중증으로 진행되면 수술 등 건강 손상은 물론 막대한 의료비 지출을 가져온다. 평상시 관리만 잘했어도 크게 악화 되지 않았을 병이 장기간 방치한 결과 돌이킬 수 없는 폭탄이 되어 돌아오는 것이다. 그렇다면 고혈압, 고지혈증과 같은 심혈관 질환은 어떻게 발생하는 것일까?

최근 고혈압과 고지혈증에 대한 다양한 연구들이 이뤄지면서 이 질환들이 유전적 요인도 있으나 비만이나 음주, 운동 부족과 같은 잘못된 식습관 및 생활 습관에 의해 발생된다는 사실이 밝혀졌다.

한 예로, 현대인들은 육류를 많이 섭취한다. 그런데 이 고기들이 대부분 풀이 아니라 옥수수를 먹고 자란 동물의 고기라는 점이 더 큰 문제다. 치즈나 우유와 같은 유제품이나 계란도 마찬가지로 옥수수 혹은 옥수수가 주 성분인 사료를 먹고 자란 동물로부터 얻는다. 우리가 옥수수를 직접 먹지 않더라도 이런 음식물을 먹으면 간접적으로 옥수수를 섭취하게 되는 것이다.

그러면 체내에 옥수수 성분들이 쌓이는데 옥수수는 오메가-6 비율이 지나치게 높기 때문에 우리 몸에 오메가-6 비율이 과도하게 높아지게 된다. 오메가-3와 오메가-6 지방산의 적정 비율은 1:1에서 1:4인데 이런 음식물을 많이 섭취하면 이 비율이 1:10을 넘고 1:100을 넘기도 한다.

오메가-6는 혈관을 수축시켜 혈압을 높이고, 혈소판의 응고를 촉진해서 혈전을 증가시킨다. 뿐만 아니라 지방세포를 증가시켜 비만을 초래하고, 노화를 촉진시키며 질병을 유발하기도 한다.

실제로 부산대학교 연구팀이 오메가-6가 종양세포에 얼마나 영향을 미치는지를 연구했다. 두 부류의 쥐에 종양 세포를 주입한 후 한쪽에는 오메가-6가 15배 들어 있는 사료를 먹이고, 다른 한쪽에는 정상사료를 먹인 후 종양이 어떤 변화를 보였는지를 실험했는데, 그 결과 정상사료를 먹인 쥐는 단지 약간 성장한 데 비해 오메가-6가 많은 사료를 먹인 쥐는 종양이 훨씬 크게 자라고 염증도 심해진 것을 확인할 수 있었다.

또 체형에 따라 오메가-6와 오메가-3 지방산의 균형을 살펴보았는데, 정상 체중인 사람들은 평균 11:1인 데 비해 과체중인 사람들은 평균 50:1로 나타났고, 고도비만체형인 사람들은 무려 95:1~125:1로 오메가-6의 비율이 훨씬 높았다.

우리나라에서 판매되는 중간 가격의 계란과 소고기를 조사해 보니 이 비율이 계란은 60:1, 소고기는 108:1로 우리가 흔히 먹는 식단의 재료에서 이미 오메가-3와 오메가-6의 균형이 크게 깨져 있는 것으로 나타났다.

그러므로 현대인들의 생명을 위협하는 심혈관계 질환을 예방하기 위해서는 오메가-3와 오메가-6의 비율이 적절하게 이루어지도록 식습관을 바꿔야만 한다.

심혈관 질환을 막아주는 오메가-3

그럼에도 쫓기듯 살아가는 상황에서 매순간 건강을 돌보는 일은 쉽지 않다. 그래서 최근에는 혈액순환을 개선하는 다양한 음식들과 건강기능식품들을 섭취함으로서 고혈압이나 고지혈증을 예방하고 극복하는 사람들이 많아지고 있다. 그 중 심혈관 질환과 관련해 가장 좋은 효과를 보이는 건강기능식품으로는 단연 오메가-3가 꼽히고 있다.

많은 전문가들은 오메가-3 지방산을 매일 섭취할 경

우 심혈관질환을 예방할 수 있으며 고지혈증 예방과 신체개선, 피로회복에도 효과를 볼 수 있다고 한다.

즉 운동이 부족하며 불규칙적이고 서구적인 식습관을 가지고 있다면 오메가-3의 효과를 알고 꾸준히 섭취해야 한다. 오메가-3는 어떻게 심혈관 건강에 도움을 주는지 다음 장에서 자세히 만나보자.

2) 영양 불균형이 나쁜 지방을 만들어낸다

지방이 체중을 증가시키고 질병을 불러온다는 사실이 밝혀지면서 지방에 대한 경각심이 높아지고 있다. 하지만 지방을 무조건 불신하기 전에 지방에 대해 정확히 알아야 한다. 같은 지방이라도 몸에 나쁜 지방이 있는 반면, 우리의 건강에 도움이 되는 지방도 존재한다.

지방은 크게 포화지방산과 불포화지방산으로 나뉜다. 단순하게 구분하면 이 중에서 불포화지방은 좋은 지방이고 그 외 포화지방, 중성지방, 트랜스지방 등은 좋지 않은 지방이라고 할 수 있다. 물론 포화지방도 필요하지만 과도하면 건강에 문제가 생기는 것이다. 그렇다면 이 둘의 현격한 차이는 무엇일까?

이로운 지방과 해로운 지방

여러 차이점이 있지만 눈으로 쉽게 확인할 수 있는 차이는 두 지방의 녹는점이 다르다는 점이다. 실온 상태에 놓아두면 두 지방의 차이를 확연히 확인할 수 있는데, 불포화지방은 상온에서도 잘 녹아 액체 상태로 변하는 반면, 몸에 나쁜 포화지방은 높은 온도로 가열하지 않는 한 고체 상태를 유지한다. 몸에 포화지방을 과도하게 섭취했을 때 이 지방이 혈류를 떠돌다가 혈관벽에 쌓이는 것도 잘 녹지 않는 특징 때문이다.

이런 성질로 인해 포화지방을 과잉 섭취하면 몸속에 쌓여서 비만을 비롯한 각종 성인병을 유발해 건강에 해로운 반면, 부드럽게 녹는 불포화지방은 우리 몸에서 세포막, 호르몬 등을 구성하는 필수 성분으로 건강에 이롭다.

불포화지방과 포화지방의 특징

불포화지방의 특징	포화지방의 특징
▶ 상온에서 액체 상태로 변한다. ▶ HDL의 수치를 높게 유지 시켜 준다. ▶ 나쁜 콜레스테롤인 LDL의 수치를 낮춰 준다. ▶ 고 탄수화물의 섭취로 나타나는 혈중의 중성지방의 증가를 막을 수 있다. ▶ 불규칙적인 심장박동 등을 억제하여 급성 심장사의 발생을 줄여 준다. ▶ 혈관 내 혈류의 흐름을 막는 덩어리가 생기는 경향을 감소한다.	▶ 상온에서 고체 상태이다. ▶ 많이 섭취할수록 심장병이 증가한다. ▶ 탄수화물과 지방이 결합되면 중성지방이 생겨나 고지혈증을 유발한다. ▶ 고 탄수화물과 결합하면 체중을 급속히 증가시킨다. ▶ 면역 시스템의 지나친 활동을 초래해서 염증을 일으킨다. ▶ 콜레스테롤의 보호 형태인 HDL의 수치를 저하시킨다. ▶ 동맥혈관을 가장 손상시키는 LDL 입자들의 수치를 상승시킨다.

좋은 지방을 섭취하려면 음식을 가려라

몸에 좋은 불포화지방을 많이 섭취하고, 반대로 몸에 나쁜 포화지방 섭취를 줄이려면 이 두 지방군이 많이 함유된 음식을 섭취 해야 한다.

포화지방산은 일반적으로 동물성 육류에 많이 들어 있는데, 다양한 육류의 지방질에 특히 많이 포함되어 있다. 대표적으로 한국인이 좋아하는 마블링이 좋은 소고기는 물론 삼겹살 등도 포화지방이 많은 음식으로 꼽을 수 있다. 반면 불포화 지방산은 어패류, 식물성 식재료에 많이 들어 있으므로 평소 식사에서 해산물과 식물성 식재료를 많이 섭취하는 것이 불포화지방을 섭취하는 좋은 방법이다.

문제는 우리가 선호하는 음식 중에는 좋은 지방질을 많이 함유한 음식들보다는 나쁜 지방인 포화지방이 많은 음식이 많다는 점이다. 이를테면 패스트푸드점의 햄버거와 감자튀김, 도넛, 빵, 과자 등에도 상당량의 포화지방이 함유되어 있는데, 이런 음식들을 많이 섭취할 경우 체내 포화지방 농도를 높여 다양한 질병을 불러오게 된다. 즉 영양불균형 상태가 심각한 질병으로까지 이어지는 셈이다.

특히 지방 중에서도 가장 나쁜 지방인 트랜스지방은 고열의 기름으로 음식을 조리할 때 발생하므로 고열로 굽거나 튀기는 과자류를 구입할 때는 반드시 영양성분 표시를 확인해 트랜스지방이 적거나 없는 것을 선택해야 한다. 그렇다면 우리 몸에 좋은 불포화지방으로는 어떤 것이 있을까?

3) 몸에 좋은 지방, 오메가-3를 섭취하라

지방과 관련해 잘못 알려진 것 중 하나는 지방을 먹으면 무조건 살이 찐다는 믿음이다. 그러나 앞서 말했듯이 인체에 이로우며 오히려 다이어트에 도움이 되는 지방도 있다. 우리가 보통 필수 지방산이라고 부르는 지방이 그것이다. 필수지방산이란 체내에서 생성되지 않기 때문에 매일 음식으로 섭취해야 하는 지방산으로서 불포화지방산이라고도 불리며, 체내의 나쁜 지방을 분해한다.

대표적인 필수지방산으로는 오메가-3,-6를 꼽을 수 있다. 이 두 지방산은 근육, 피부, 눈, 뇌 등 인체 모든 세포의 근본적인 구성 물질로서, 섭취가 부족해 결핍되면 기능 장애가 발생하게 된다.

특히 오메가-3의 경우 더더욱 적절한 섭취가 중요한데, 그 이유는 오메가-3 지방산이 혈액의 흐름을 원활하게 도와 고혈압, 관절염, 동맥경화, 심장발작, 뇌졸중, 당뇨 등을 예방하므로 자칫 부족해질 경우 큰 문제를 일으킬 수도 있기 때문이다.

한 예로 오메가-3 일종인 DHA는 태아의 발육과 정신발달, 특히 뇌조직 등의 원활한 발육을 돕는다. 이처럼 뇌와 신경조직의 발육과 기능유지에 중요하고 부족할 경우 신경회로의 정보전달이 제대로 되지 않아 학습능력과 기억능력에 장애를 가져오게 된다.

그렇다면 이처럼 중요한 오메가-3는 어떤 경로를 통해 얻을 수 있을까? 잘 알려진 오메가-3 공급원으로는 생선과 같은 해산물, 나아가 바다표범, 오리고기 등의 동물성 오메가-3가 있으며, 올리브유, 생 들기름 등과 같은 식물성 불포화지방산도 있다.

한 예로 에스키모 인들은 지방이 풍부한 생선과 바다표범 등을 주식으로 함에도 오히려 각종 심혈관계 질환에 걸릴 확률이 훨씬 낮은데, 이 생선과 바다표범 고기가 풍부한 불포화지방산을 함유하고 있기 때문이다. 우리가 대부분 소고기나 돼지고기에서 동물성 지방을 섭취하는 것과 비교해서 같은 기름이라도 어떤 지방을 섭취하는가에 따라 질병을 일으키거나 예방할 수 있다는 점을 알 수 있다.

오메가-6 지방산은 균형이 중요하다

오메가-3 지방산과 더불어 그 중요성을 인정받고 있는 또 하나의 필수지방산으로는 오메가-6 지방산이 있다. 오메가-6는 성장과 생식기능에 필수적이고 피부염을 예방해주며, 우리 몸의 신진대사와 성장에 커다란 영향을 미치는 만큼 결핍되면 문제를 일으킨다.

하지만 앞에서 본 바와 같이 오메가-6 지방산의 경우 과도하게 섭취하면 염증과 혈전을 발생시키므로 과도한 섭취를 주의하고 오메가-3 지방산과 균형 있게 섭취해야 한다. 실제로 세계보건기구(WHO)와 일본 후생성, 한국영양학회에서는 여러 나라의 임상연구 결과를 바탕으로 건강한 식생활을 위해 오메가-6와 오메가-3 지방산을 1:1~4:1의 비율로 균형 있게 섭취할 것을 권장하고 있다. 오메가-6와 오메가-3 비율이 10:1 이상 섭취할 경우 심혈관 질환의 위험이 증가할 수 있다고 한다.

문제는 우리의 평소 식생활이 과거에 비해 오메가-6의 섭취 비율이 압도적으로 높아졌다는 점이다. 최근 기름기가 많은 육류 등을 선호하는 서구형 식습관이 자리 잡은 것이 문제인 것이다. 이 때문에 최근에는 다양한 건강기능식품 형태로, 상대적으로 섭취가 부족한 오메가-3를 보충하려는 이들이 많아지고 있다.

4) 평생 건강을 위한 최고의 선택, 오메가-3

식약청에서 발표된 건강기능식품 판매 현황에 따르면, 오메가-3는 매년 30% 이상씩 매출이 급증하고 있다. 2006년 오메가-3 제품의 총 판매액은 152억 원이었는데, 그로부터 2년 뒤인 2008년에는 그 두 배에 가까운 266억 원에 달했고, 2011년에는 무려 508억 원으로 급성장했다.

이는 오메가-3 효능이 대중적으로 입증되었다는 반증이다. 그렇다면 이처럼 현대인의 평생건강에 오메가-3가 중요한 이유는 무엇일까?

오메가-3의 다양한 종류들

오메가-3는 불포화지방산이며 ALA(알파리놀렌산 alpha-linolenic acid)와 DHA(도코사헥사에노산-docosahexaenoic acid)와 EPA(에이코사펜타에노산-eicosapentaenoic acid), SDA(스테아리돈산-

stearidonic acid), ETA(에이코사테트라에노산-eicosatetraenoic acid)으로 나뉜다.

그림 1-1 오메가-3 지방산 대사과정

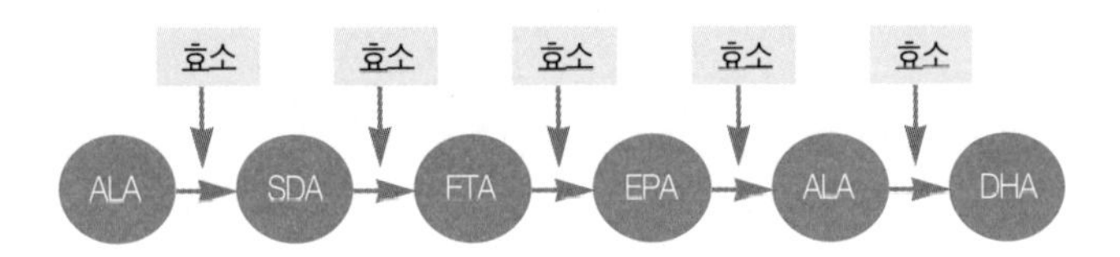

ALA(알파리놀렌산)는 체내에 흡수되어 EPA와 DHA를 만들어내며, 견과류, 채소, 콩류에 많이 들어있다. 이 필수 지방산들은 우리 몸에서 호르몬역할을 하는 프로스타글란딘을 활성화시키는 원료가 되는 중요한 물질들이다.

DHA는 두뇌와 망막에 좋은 오메가-3로 등푸른 생선(특히 참치)에, 혈액순환과 혈전 억제, 콜레스테롤 조절 등 심혈관계에 좋은 EPA는 심해 생선에 많이 들어 있다. 위의 지방산 대사 과정에서 보듯이 ALA의 대사과정에 관여하는 각각의 지방효소들이 ALA의 구조를 바꿔 다른 지방산으로 변형시킨다.

또한, 이 물질들이 체내에 가장 많이 분포하는 곳 중 하나가 바로 신경세포막이다. 인체는 수많은 세포로 구성되어 있으며, 모든 세포는 세포막이라는 벽으로 둘러 싸여 있다.

세포는 세포막을 통해 대사에 필요한 물질들을 공급 받기도 하고 불필요한 물질들을 배출하기도 하고 신경 전달도 하는데, 이 신경전달물질을 감싸고 있는 것이 바로 불포화지방산인 인지질이다. 인지질은 신경이 전달될 때 신경전달물질이 처음 접촉하는 부분으로서, 인지질이 정상이어야 신경전달도 잘 되고 불순물도 잘 배출되어 대사가 원활해지고 면역력도 높아지며, 염증이나 통증도 적어져 질병에 강해지게 된다.

또한 이 불포화지방은 비타민 D와 함께하여 칼슘과 인의 조화를 도와주고 베타카로틴을 비타민 A로 전환시키는 과정에도 작용하는 만큼 뼈의 생성을 촉진시키고 뼈를 강화시켜준다.

그러나 가장 잘 알려진 오메가-3의 효능은 역시 혈중 중성지질 개선과 혈행 개선이며, 오메가-3의 이 효능은 현재 식품의약품안정청(KFDA)에서도 공식적으로 인정하고 있다. 또한 이 중에서도 대표적인 오메가-3 지방산 성분인 DHA와 EPA는 각각 두뇌 형성과 발달, 혈행 개선에 놀라운 효능을 발휘한다고 알려져 있다. 그리고 미국립보건원(NIH)에서는 총 1일 섭취 열량 중 최소 2%는 오메가-3지방산으로 섭취해야한다는 권장량을 발표했다. 즉, 하루 2000Kal를 섭취하는 사람의 경우 최소 2g을 섭취해야한다는 것이다. 그러나 오메가-3는 체내 합성이 안되어 오로지 음식으로 만 섭취해야 하므로 오메가-3 지방산이 다량 함유된 음식물을 많이 섭취해야 할 뿐 아니라 다양한 방법으로 섭취량을 늘릴 필요가 있다.

심각한 오메가-3 부족이 질병을 불러온다

그렇다면 현대인에게는 왜 이처럼 이로운 오메가-3가

부족해지는 현상이 일어나는 것일까?

앞서도 말했듯이 인체는 탄수화물, 알코올, 단백질 등의 대사 작용을 통해 다양한 물질들을 만들어낸다. 하지만 몸에서는 필요하지만 자체적으로 생산이 불가능한 필요 물질들이 있는데, 오메가-3 역시 체내에서 합성되지 않는 필수지방산이다. 즉 오메가-3는 오로지 음식으로 섭취해야만 부족분을 보충할 수 있는 것이다.

오메가-3 지방산이 부족하면 건강에 여러 문제가 발생하는데도 현대인의 식습관은 오메가-3 지방산 섭취에는 불리한 조건인 것이 사실이다. 이와 관련해 최근 미국립보건원(NIH)에서는 총 1일 섭취 열량 중 최소 2%는 오메가-3 지방산으로 섭취해야 한다는 권장량을 발표했다. 과거 인류의 식단에는 오메가-3와 오메가-6의 비율이 1:1에 가까웠지만 현재는 오메가-6의 비율이 20배 이상 증가했기 때문이다.

이와 같이 오메가-3의 부족분을 고려할 때, 하루 2,000kcal를 섭취하는 사람의 경우 최소 2g은 오메가-3

지방산으로 섭취해야 한다는 것이 정설이다. 그러나 많은 영양 전문가들은 2% 권장량은 충분치 않으며 총열량 중 최소 4%는 오메가-3 지방으로 섭취하도록 권하고 있다.

그러므로 부족한 오메가-3를 적절히 보충하려면 평상시 오메가-3 지방산이 다량 함유된 음식물을 많이 섭취해야 할 뿐 아니라 다양한 방법으로 섭취량을 늘릴 필요가 있다.

다음 장에서는 오메가-3를 어떤 방식으로 섭취해야 가장 효과적인지, 어떤 종류의 오메가-3가 존재하는지 살펴볼 것이다. 오메가-3의 효과를 알고 섭취를 고민하고 있다면 좀 더 꼼꼼히 살펴봐야 할 대목이다.

2장 내 몸을 살리는 오메가-3의 비밀

1) 오메가-3의 보고, 생선과 해산물

건강기능식품에도 여러 가지가 있지만 그중에서 오메가-3는 거의 대부분의 의사들이 혈액순환이나 고지혈증 환자들에게 권할 만큼 효과가 탁월한 건강기능식품으로 인정받고 있다. 최그렇다면 이 오메가-3를 식단에서 섭취하는 방법은 없을까?

그림 2-1 생선유 오메가-3와 식물성 오메가-3의 종류

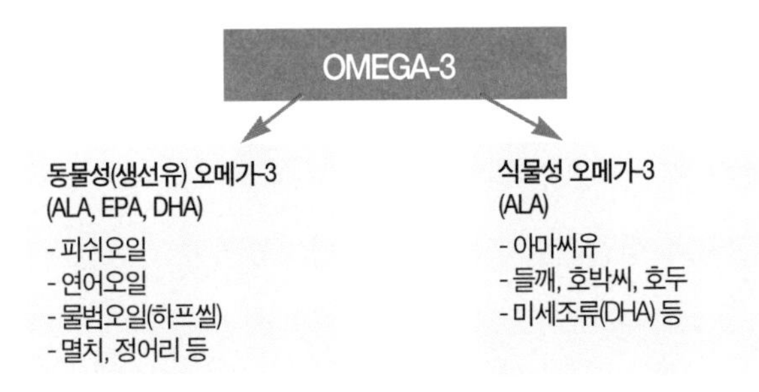

오메가-3를 얻으려면 등푸른 생선을 많이 섭취하라

전문가들은 영양학적으로도 훌륭할 뿐만 아니라 오메가-3가 가장 풍부한 음식 중 하나로 등푸른 생선을 꼽는다. 생선 단백질은 소화가 잘 되고, 필수아미노산이 풍부해 남녀노소 모두가 즐길 수 있는 음식이다. 해산물은 소고기나 돼지고기에 비해 대체로 칼로리와 지방이 낮으며, 철분이나 칼슘 등이 많아 뼈를 형성하는 데 도움을 준다.

하지만 이 모든 것보다도 생선과 해산물이 각광 받는 핵심적인 이유는 이 음식들에 포함된 다량의 오메가-3 지방산 때문인데, 바다에서 서식하는 연어, 참치, 고등어 등이 오메가-3가 풍부한 음식들이다.

이 생선들에 함유된 오메가-3 지방산이 여러 면에서 건강에 이롭다는 것은 잘 알려져 있는 데, 피츠버그대학 연구팀이 '미예방의학저널' 에 밝힌 연구결과에서도 생선을 매주 먹으면 뇌 건강에 이롭고 치매를 예방해주는 것으로 검증되었다. 260명의 인지능력이 건강한 사람을 대상으로 연구한 결과 매주 생선을 먹는 사람들이 기억력과 인지능력과 연관된 뇌 영역 내 회색질이 더 많이 분포되어 있었다는 것이다.

평생 건강에 이로운 오메가-3

2040년경이 되면 전 세계적으로 약 8,000만 명 이상이 치매를 앓을 것으로 전망되는 상황에서 생선에 포함된 오메가-3 지방산이 뇌 건강 증진에 도움이 된다는 것은 반드시 유념해야 할 사실이다.

치매뿐만이 아니다. 오메가-3가 풍부한 생선은 아이들의 두뇌 발달은 물론 임산부에게도 반드시 필요한 식단이다. 때문에 미국심장협회는 일주일에 두 번 정도 생선을 먹을 것을 권장하고 있다. 그러나 오메가-3가 풍부한 어패류에도 단점은 존재한다. 바다 생물들이 필연적으로 노출되는 수은 등 중금속 문제도 있으며 너무 많은 양을 섭취 할 경우 중독에 주의 해야 한다.

2) 동물성 오메가-3, 안전하게 섭취하자

최근 700여 명의 임산부들을 대상으로 설문조사를 실시한 결과, 67%의 응답자들이 엽산, 철분 외에 임산부에게 가장 필요하다고 생각되는 영양소 1위로 '오메가-3'를 꼽았다고 한다. 먹거리와 태아 건강에 민감한 임산부들이 오메가-3를 중요한 영양소로 꼽았다는 것은 그만큼 오메가-3의 중요성이 인정받고 있다는 의미다.

지금까지 밝혀진 사실만 해도 오메가-3는 임산부의 임신과 수유기간 동안 아기의 뇌 발달과 중추신경계의 성장에 중요한 작용을 하고 태아의 두뇌발달 및 정신건강을 향상시킨다. 또한 눈의 망막과 신경계의 주요 구성성분인 만큼 아기의 시력 기능 발달을 돕고 신경계 망막 질환에 대한 보호 효과 등 긍정적인 역할을 하고 있다.

먹이사슬을 고려하라

오메가-3가 혈액순환을 도와주는 효과가 있기 때문에 차가운 바닷속의 생선들은 체온 유지를 위해 오메가-3의 대사가 활발하다. 특히 먹이사슬의 상층부에 있을수록 풍부한 양의 오메가-3가 축적된다. 하지만 유의해야 될 점은 바다 포식자들의 경우 오메가-3 등 다른 영양소와 함께 중금속 등 유해물질도 같이 섭취한다는 것이다.

최근 미국에서 활발하게 판매되고 있는 오메가-3 제품 100종을 분석한 결과 발암물질인 폴리염화비페가 발견되었다고 보고되었다. 또한 2012년 2월 17일에 방영된 EBS 〈다큐프라임-아이의 밥상 두뇌음식 생선의 진실〉에 따르면 하루도 빠짐없이 먹은 가족의 체내 수은 농도 검사 결과 가족 모두가 수은에 중독되었음이 밝혀지기도 했다.

수은은 신경계를 손상시키고 심각한 학습장애와 뇌성마비를 유발하는 중금속이다. 고래 고기를 즐겨먹는 덴마크인과 섬 지역인 '파로' 에서 많은 사람들이 수은 중독 현상을 보이고 있는 것도 고래 고기 등 생선의 다량 섭취와 관련된 것으로 추정된다.

물론 모든 생선이 중금속에 오염된 것은 아니며 모든 오메가-3 제품이 위험물질을 포함한 것은 아니다. 전문가들은 먹이사슬의 상류층 어종일수록 중금속에 오염되기 쉬운 만큼 생선에서 추출한 오메가-3 보충제를 섭취할 때도 어종을 살펴보는 것이 좋다고 조언한다.

대표적으로 먹이 사슬 상층부에 자리한 어종은 몸집이 크다. 에밀리 오스터 미국 시카고대 교수에 의하면 "큰 물고기는 작은 물고기를 잡아먹으므로 먹이사슬을 따라 수은이 축적되고, 큰 물고기는 대체로 오래 살며, 오래 살수록 수은이 많이 축적된다"고 한다. 한 예로 상어는 수명이 아주 긴 만큼 체내 수은 농도가 높고, 비교적 먹이사슬 상층부에 자리 잡은 참치, 농어, 삼치도 마찬가지다. 반대로 오메가-3 지방산이 많으면서 수은이 적은 연어, 청어, 정어리, 고등어, 멸치, 대구 등은 많이 먹을수록 좋다.

등푸른 생선에는 오메가-3중 혈관 건강과 콜레스테롤 저하에 도움을 주는 EPA, 두뇌와 망막 건강에 도움을 주는 DHA가 많이 있다. 그러므로 중금속을 깨끗이 제거하고 순수한 오메가-3만을 추출하는게 결정적으로 중요한 과제다. 또 오메가-3를 추출하기 위해서는 열처리 과정을 피할 수 없는데, 이때 고열처리를 할 경우 오메가-3 지방산의 구조가 깨지므로 저열처리를 한 제품을 선택해야 한다. 그러나 저열처리는 비용이 많이 들기 때문에 저렴하게 유통되는 제품들은 고열처리를 한 경우가 많다.

동물성(생선유) 오메가-3의 장 · 단점

장 점	단 점
1. EPA와 DHA의 비율이 적절하다. 2. EPA와 DHA가 충분히 들어있다. 3. 체내 지방대사가 약한 사람도 EPA와 DHA를 쉽게 섭취할 수 있다. 4. 혈액순환장애나 심혈관계질환 뿐 아니라 신경계, 두뇌건강, 콜레스테롤 저하 등 다양한 효과에 대한 연구결과가 많다. 5. 어린이나 임신, 수유부도 비교적 안전하게 섭취할 수 있다.	1. 중금속이 많은 심해생선의 경우 까다로운 정제과정을 거치지 않으면 납이나 수은 같은 중금속을 같이 섭취할 수 있다. 2. 소화가 약한 사람은 비린내가 날 수 있다.

3) 식물성 오메가-3의 비밀

오메가-3는 크게 동물성 오메가-3와 식물성 오메가-3 두 가지로 나뉜다. 동물성 오메가-3란 말 그대로 식용 어류나 물범 등의 오메가-3를 뜻하고, 식물성 오메가-3란 다양한 식물들에 포함된 오메가-3다.

식물성 오메가-3를 알아보자

불과 몇 년 전만 해도 시중에 판매되던 오메가-3 제품은 대부분 동물성 오메가-3로서 참치나 연어 등에서 추출한 생선 기름 등이었다. 하지만 오메가-3 제품이 다양해져 지금은 연어나 참치를 비롯하여 정어리, 고등어, 멸치, 꽁치 등 다양한 어류는 물론 크릴새우나 조개 등의 어패류에서 추출된 오메가-3 제품, 하프물범을 이용한 오메가-3제품까지 다양한 오메가-3제품들이 판매되고 있다.

이처럼 동물성 오메가-3 제품이 점점 다양해지는 한

편 최근에는 이에 못지않게 식물 추출물 오메가-3 제품들도 시중에 등장하고 있다. 대표적인 것이 아마씨로 만든 오메가-3 제품인데, 이를 필두로 현재는 들깨나 호두, 호박씨유, 대두 등 다양한 원료에서 추출된 식물성 오메가-3 제품들이 등장해 있다. 이런 제품들은 우리 주변에서 흔히 볼 수 있는 식물들도 충분한 영양 가치가 있다는 점을 입증하고 있다.

사람들은 오메가-3라고 하면 생선에서 추출한 동물성 오메가-3만 알고 있는 경우가 많지만 오메가-3는 들깨와 아마씨, 셀러리나 케일 같은 녹색 채소에도 다량 함유되어 있다. 단, 식물성 오메가-3는 ALA가 많아 체내에서 여러 단계를 거쳐야 EPA나 DHA로 전환되므로 효소 기능이 약한 사람들은 EPA나 DHA의 효과가 작을 수도 있다.

동물성 오메가-3 못지않은 식물성 오메가-3

동물성 오메가-3에는 아무래도 식물성 오메가-3보다

포화지방이 많다는 점과 오메가-3 오일에 포함된 비린내에 민감한 이들도 있다는 점에서 최근 적잖은 전문가들이 암이나 여타 질병 환자들에게 식물성 오메가-3를 권장하기도 한다.

그렇다면 다음 장에서는 동물성 오메가-3를 대체할 수 있는, 식물성 오메가-3가 풍부한 음식으로는 무엇이 있는지 살펴보자.

4) 다양한 식물성 오메가-3 알아보기

아마씨와 오메가-3

'생명의 씨앗' 이라고 불리기도 하는 아마씨는 '아마' (flax)라 불리는 섬유 식물의 씨앗으로, 구약성서에 기록되어 있을 정도로 인류 문명과 오랫동안 함께 해왔다. 우리도 잘 아는 린넨 천이 바로 이 아마의 섬유로 만든 직물이다.

나아가 최근에는 이 아마씨가 지구상에서 가장 오메가-3가 풍부한 식품으로 밝혀지기도 했다. 아마씨는 전체 지방산의 58%가 오메가-3로 구성되어 있다. 일반적인 식물들의 오메가-3 함량과 비교하면 가히 압도적인 함량이다.

또한 아마씨에는 식이섬유, 토코페롤, 엽산, 미네랄 등 필수 영양소는 물론 항암과 노화 예방에 좋은 식물성 에스트로겐과 리그난이 합쳐져 각종 질병들을 예방하는 효과가 있는 것으로 밝혀졌다. 실제로 대다수의 식물성 오메가-3 제품이 아마씨를 활용한 제품인 만큼 아마씨는 대중적인 오메가-3 공급원으로 알려져 있다.

치아씨와 오메가-3

'마지막 슈퍼 푸드' 라고 불리는 치아 씨는 치아(chia)라는 민트 계통의 씨앗으로서 멕시코와 중남미가 원산지이며 고대 아즈텍인들의 주식으로 알려져 있다. 최근 치아 씨가 각광 받는 가장 큰 이유는 오메가-3 때문인데, 이 씨앗 내 지방 성분 중의 60% 이상이 오메가-3다. 최근 미국에서 치아 씨를 슈퍼 푸드라고 일컬으며 치아 씨의 섭취를 권장하는 것도 이 특별할 것 없어 보이는 씨앗에 오메가-3 함량이 놀라울 정도로 풍부하기 때문이다.

미세 조류와 오메가-3

최근 청정 바다에서 서식하는 미세조류에서 추출한 100% 식물성 오메가-3가 인기를 끌고 있다. 바다 생선이 다량의 오메가-3를 체내에 생성할 수 있는 이유도 DHA가 풍부한 해조류들을 주식으로 하기 때문이다.

미세조류들은 생선의 오메가-3의 원천으로 다량의 DHA를 함유하고 있다. 단, EPA가 없어서 균형 있는 오메가-3의 효과를 기대하기는 어렵다. 하지만 미세조류에서 오메가-3를 정제, 추출하는 방식으로 간단한 단순 압착방식을 활용할 수 있어 안전한 형태의 DHA를 구할 수는 있다. 그러나 오메가-3의 수요가 많아지면서 청정 해역에서 서식하는 미세조류를 원료로 취하지 않고 공장에서 배양하는 원료를 사용하는 경우도 많은데, 이 경우 공장의 환경에 따라 원료의 안전성이 떨어질 수 있으므로 주의해야 한다.

들깨와 오메가-3

들깨는 한국인들의 대표적인 오메가-3 공급원이라고 해도 과언이 아니다. 들깨에는 풍부한 오메가-3가 포함되어 있으며, 이를 기름으로 만든 들기름 또한 풍부한 오메가-3 함량을 자랑한다.

호두와 오메가-3

두뇌 모양을 닮은 데다 실제로 두뇌 활동을 증진시킨다고 알려진 호두는 그래서 '두뇌 음식' 이라고 불리기도 한다. 호두가 두뇌 활동 증진에 도움이 되는 가장 큰 이유는 풍부한 오메가-3 때문이다.

호두는 다중불포화지방(PUFA)이 총 지방 함량 18그램 중 13그램을 차지할 정도로 완벽한 영양을 자랑한다. 또한 견과류로는 유일하게 식물성 오메가-3 지방산의 일종인 알파리놀렌산(ALA)을 풍부하게 함유하고 있는데, 호두 4분의 1컵에는 2.5그램의 알파리놀렌산이 함유되어 있어서 다른 견과류에 비해 월등한 오메가-3 함량을 자랑한다.

케일과 오메가-3

보통 오메가-3를 떠올리면 생선과 해산물만 생각하는 경우가 많은데 오메가-3는 우리가 일상적으로 먹는 녹색 채소에도 풍부하게 함유되어 있다. 냉이, 쑥, 미나리, 치커리, 케일, 아욱 등이 대표적으로 소를 사육할 때도 곡물 사료 대신 풀을 뜯어 먹은 목초육우의 고기에 훨씬 많은 오메가-3가 함유되어 있다.

특히 이런 채소들은 우리 몸에 들어온 영양소가 오메가-3로 전환되는 과정을 도와주는 셀레늄을 풍부하게 공급해주고 세포막에서 포화지방을 제거하는 항산화

기능이 활발한 만큼 일정 정도의 오메가-3는 녹색 채소를 통해 섭취하는 것이 현명하다.

오메가-3 전문가들은 특히 이 중에서 케일이야말로 비타민과 미네랄이 풍부한 영양제라고 부르기도 하는데, 케일은 오메가-3 지방산과 오메가-6 등이 풍부하게 들어있어 녹색 잎채소계의 슈퍼스타라고 불릴 만하다.

식물성 오메가-3의 장·단점

장 점	단 점
1. 소화가 비교적 잘 되고, 비린내가 안 난다. 2. 원료의 중금속오염을 방지할 수 있다. (유기농재배채소, 씨앗관리가 가능) 3. 저열압착유일 경우 오메가-3의 구조도 안전하게 유지할 수 있다. 4. ALA는 갱년기에 필요한 프로스타글란딘으로 쉽게 전환되므로 갱년기 증상에는 도움이 될 수 있다.	1. 주로 ALA로 이루지고 EPA가 없는 불포화지방산이다. 2. 일상적인 건강유지에는 큰 문제가 없지만, 생선유의 효과(고지혈증,콜레스테롤,심장질환등의 예방)를 기대하기는 어렵다. 3. 임신 중에 섭취하게 되면 조산의 위험이 있다. 4. 미세조류에서 추출하는 식물성 오메가-3의 경우 EPA는 없고 DHA만 들어있다. 5. 미세조류 오메가-3의 경우 원료를 쉽게 확보하기 위해서 맑은 바다에서 채취하지 않고 공장에서 배양하므로 공장의 환경에 따라 원료의 안전성 여부가 불확실하다.

동물성이든 식물성이든 장·단점을 확인하고 필요한 것을 선택하면 된다. 오메가-3는 무엇보다도 정제과정에 불순물이 잘 정제했는지, EPA와 DHA가 적절하게 함유돼있는지, 정제과정에 저열처리로 오메가-3 지방산의 구조를 파괴하지 않았는지를 확인해야 하는데, 소비자가 확인하기 어려운 부분이므로 신뢰할 수 있는 브랜드를 선택하는 것이 가장 안전하다.

3장 오메가-3의 건강 증진 효과는 무엇인가?

1) 세포 건강을 책임진다

일반적으로 오메가-3 하면 혈류 개선을 떠올린다. 그러나 오메가-3가 인체에 미치는 영향은 이에 그치지 않고 세포의 건강, 즉 인체 전체의 신진대사와도 깊은 관련이 있다. 또 오메가-3는 인체 전체 세포막과 세포간 지질의 구성 성분으로서 특히 눈이나 뇌, 정자세포의 세포막을 구성하는 데 매우 중요한 역할을 담당한다.

오메가-3의 역할을 구체적으로 살펴보면, 세포막에서 전기적인 자극을 빠른 속도로 다음 세포에 전달하는 역할을 하며 인체 안에서 세포를 보호한다. 또한 세포의 구조를 유지시키며 원활한 신진대사를 돕는 것도 오메가-3의 역할이다. 세포가 망가지면 질병에 걸릴 수밖에 없기 때문에 오메가-3의 세포 보호와 신진대사 촉진은 질병을 예방하는 데 큰 도움을 준다는 점을 알 수 있다.

또한 오메가-3는 혈액의 피막 형성을 억제하고 뼈의 형성을 촉진시키기도 하는데, 피부에는 유연한 스프링 역할을 함으로써 피부에 유연성과 탄력을 부여하고, 피부 장벽 구성 및 보습의 기능을 담당한다. 이 같은 역할 때문에 만일 오메가-3 섭취량이 부족하면 세포막이 탄력을 잃어 제 기능을 하기 어려워지므로 피부가 거칠어질 뿐만 아니라 내부적으로 다양한 질병이 발생할 수 있다.

2) 몸 안의 염증을 막는다

염증에 대해 살펴보려면 우선 염증이 왜 일어나는지부터 알아야 한다. 염증이란 감염이나 부상이 있을 때 상처를 보호하고 회복시키기 위해 발생하는 자연스러운 현상이다. 예를 들어 피부에 상처가 생기면 감염으로 인한 2차 피해를 막기 위해 백혈구가 상처 부위로 달려가 세균과 싸우면서 발열과 통증이 발생하는 것이다. 또한 발목이 삐었을 때 그 부위가 부풀어 오르는 것도 다친 부위에 대해 경고하고 부상이 심해지는 것을 막기 위해서다.

염증은 이렇게 경고만 하는 것이 아니라 또 한편으로는 치료도 도모한다. 염증이 생겨 통증이 발생하면 문제가 되는 감염원을 해결하려는 노력이 동시에 이루어지게 되는 것이다. 즉 염증을 잘 치료해 가라앉히고 원인을 제거하면 상처는 자연스럽게 가라앉게 된다. 반면 그 감염 원인을 제대로 치료하지 못하게 되면 이른바 '만성염증' 으로 고통을 받게 된다.

한편 염증이라고 하면 몸 외적으로 드러나는 염증만 생각하는 경향이 있는데, 우리가 앓는 다양한 질병의 많은 수가 체내의 만성 염증에 뿌리를 두고 있다는 점을 생각해야 한다.

한 예로 당뇨병과 비만도 체내의 만성 염증과 연관이 있다. 또한 심장병과 염증은 본질적으로 연관이 있으며 암도 만성 염증과 관련이 있는 것으로 알려져 있다. 결국 체내 염증을 제거해야 질병도 개선의 여지가 생기는 것이다.

나아가 질병이 없더라도 평소에 체내 염증을 방지해주는 식습관을 통해 몸 상태를 최적으로 유지하는 것이 중요하다. 생활방식이나 음식이 체내 만성 염증을 일으키기도 하고 막아주기도 하기 때문이다.

오메가-3 지방산이 주목 받고 있는 것도 이런 체내 염증이 다양한 질병과 관련이 있다는 이론이 밝혀졌기 때문이다. 이와 관련해 최근 오메가-3가 중년 이상의 과체중인 사람들에게 만성 염증을 막아주는 효과가 있다는 연구 결과는 주목할 만하다.

미국 오하이오 대학의 얀 키콜트-글라저(Jan Kiecolt-Glaser) 박사에 의하면, 오메가-3 지방산 보충제를 섭취하면 염증을 일으키는 단백질이 크게 줄어든다고 한다.

전혀 운동을 하지 않는 평균 연령 51세의 과체중 남녀 138명(평균연령 51세)을 대상으로 4개월간 오메가-3 보충제를 섭취하게 하자 체내 염증을 나타내는 두 가지 염증표지 단백질이 크게 감소한 것이다.

또 이들을 다시 세 그룹으로 나누어 한 그룹엔 오메가-3 지방산 보충제 1.25g, 다른 한 그룹엔 2.5g, 나머지 그룹엔 혼합기름 보충제를 매일 섭취하게 하고 4개월 후 염증유발 사이토킨인 인터류킨-6(IL-6)과 종양괴사인자-알파(TNF-a)의 혈중수치를 측정했다.

그 결과 오메가-3 저단위 그룹과 고단위 그룹은 IL-6 수치가 각각 10%, 12% 줄어든 반면 대조군은 오히려 36%나 늘어났다.

3) 임산부와 아이의 건강을 증진시킨다

해산물은 여러모로 임산부나 모유 수유를 하는 여성

에게 좋은 식품으로 알려져 있다. 영양적으로 훌륭한 저지방 단백질을 공급하기 때문이다. 이와 함께 해산물이 산모나 아이에게 좋은 식품으로 분류되는 또 하나의 이유는 오메가-3 지방산 때문이다. 많은 과학자들이 산모가 임신했을 때 해산물을 제대로 섭취하면 아이의 시야 발달이 빠를 뿐 아니라 성장과정에서 아기들에게 발병할 수 있는 유전질환의 발병 확률을 줄여준다고 밝히고 있다.

실제로 임신 기간 중에 오메가-3 지방산 영양제를 섭취한 임산부의 신생아는 감기에 더 강하다는 것도 입증되었다. 미국 에모리 공중보건대학 연구진이 멕시코 여성 800명을 대상으로 임신 18~22주 사이에 있을 때 오메가-3 지방산 DHA 영양제 투여 그룹과 가짜 영양제 투여 그룹으로 나누어 영양제를 제공하고 출산 후 1, 3, 6개월 차 아이들을 조사한 결과, 임신 기간 중 오메가-3 지방산 DHA 영양제를 섭취한 임산부가 출산한 신생아들의 38%, 가짜 영양제를 섭취한 임산부가 출산한 신생

아들의 45%에서 감기 증상이 생겼으며, 특히 오메가-3 지방산 DHA 영양제를 섭취한 임산부의 아기는 감기 증상 기간도 짧았던 것으로 나타났다.

임산부가 오메가-3를 섭취할 경우 똑똑한 아이를 낳는다는 것도 사실이다. 오메가-3 지방산이 엄마의 태반을 통해 태아에게 전달돼 뇌신경 발달에 도움을 주기 때문이다. 최근 산부인과에서 엽산제, 철분제 등 이미 알려진 임산부용 영양제와 함께 오메가-3를 권하는 것도 그런 이유에서다. 특히 신생아는 뇌 활동이 매우 활발한 시기인 만큼 오메가-3를 미리 섭취해두면 DHA 성분은 아이의 성장 과정에서 뇌 활동에 좋은 영향을 주고, EPA 성분은 임산부의 혈액순환과 심혈관계 질환을 예방하게 된다.

미국소아과학회지에 실린 논문에 따르면 오메가-3를 섭취한 여성의 출산 직후 제대혈에 포함된 DHA와 EPA 농도가 높았고, 이들이 낳은 자녀가 두살 반이 됐을 때 활동 능력을 비교해보니 오메가-3 섭취군 자녀가 손과

눈을 함께 사용하는 능력이 더 우수했다고 한다. 그러므로 임신 중이나 수유기 태아에게 공급되는 DHA 양을 고려하면 반드시 추가로 섭취해야 할 필요가 있다.

특히 미숙아의 체내조직은 정상 분만아의 조직에 비해 DHA 성분의 함유가 낮았다는 점은 시사하는 바가 크다.

4) 아이들의 학습 능력을 신장시킨다

오메가-3에 포함된 DHA는 신체 조직 전체에 영향을 미치며 특히 두뇌를 형성하는 중요한 영양 성분이다. 우리 두뇌는 60% 정도가 지방으로 이루어져 있는데 그중에서 오메가-3의 비중이 15%~20%에 달한다.

유아에서 성인에 이르기까지 DHA가 적절히 공급되면 전 생애 주기에서 두뇌 건강이 증진될 수 있는 것도 이 때문이다.

영국 옥스퍼드대 연구팀은 옥스퍼드셔 지역의 7~9세 아동을 대상으로 혈중 오메가-3 농도와 아동의 읽기와 학습능력, 수행 능력간의 상관성을 연구했다. 그 결과 오메가-3 지방산이 함유된 음식을 많이 섭취한 아이는 읽기와 학습 능력이 평균보다 높았으며, 학습 능력이 떨어지는 아이들도 오메가-3 지방산을 섭취하면 학습 능력 증진에 도움이 되는 것으로 나타났다. 또한 부모가 평가한 아동의 반항적 행동과 정서적 불안정성 평가에서도 오메가-3 지방산이 부족한 아이들이 평균보다 반항적 행동과 정서 불안이 높은 수치를 나타냈다.

한편 이 연구에 참여한 아이들의 오메가-3 지방산의 혈중 농도도 문제였다. 측정 결과 DHA/EPA 등 오메가-3지방산 농도가 총 2.46%로 성인 기준인 4%보다 낮은 수준이었는데, 이는 그만큼 어린이의 오메가-3 지방산 섭취량이 부족하다는 것을 보여준다.

이는 한국 아이들도 다르지 않다. 서구화된 식습관으로 인해 불균형한 식단에 익숙해진 아이들에게 일주일에 두 번 이상 생선을 먹는 등 오메가-3를 충분히 섭취하는 것은 쉽지 않은 일로 보인다. 하지만 이런 식습관 때문에 오메가-3 섭취가 어렵다면 오메가-3를 함유한 영양제, 강화식품, 음료 등 다양한 방법으로 오메가-3 섭취를 늘리기 위한 노력을 기울여야 한다.

5) 체중 감량에 도움을 준다

무리한 체중 감량은 다양한 부작용을 초래한다. 이런 상황에서 가벼운 운동과 병행해 식단을 바꾸는 것만으로도 적절한 체중 감량 효과를 볼 수 있다는 이론이 힘을 얻고 있다. 체중 감량을 도와주는 다양한 음식들이 있지만 최근의 연구에 의하면 오메가-3 역시 체중 감량에 획기적인 효과가 있다는 것이다.

호주 애들레이드의 남호주대학 연구팀은 과체중인 사람들을 대상으로 오메가-3 지방산이 풍부한 참치유

(튜나 오일)를 가벼운 운동과 함께 매일 섭취하도록 함으로써 더 많은 체중 감량에 성공했다. 고혈압이나 고콜레스테롤 등의 심장 혈관 문제를 지닌 과체중 또는 비만증 남녀를 가벼운 운동과 함께 규칙적으로 참치유를 먹게 하자 오메가-3가 들어 있지 않은 해바라기 오일을 섭취한 다른 그룹보다 더 많은 체중 감량을 기록한 것이다.

기름진 생선과 일부 곡물, 견과류와 채소에 들어 있는 이 불포화지방이 심장 혈관 질환에 효과가 있다는 사실은 널리 알려져 있으나 체중 감량에도 도움을 준다는 사실은 최근에야 밝혀졌다.

특히 이 실험 대상자들은 먹고 싶은 것을 그대로 먹는 등 식습관을 전혀 바꾸지 않고 단순히 오메가-3 함유 오일만 섭취한 케이스였으므로 이 효과는 놀랍지 않을 수 없다. 즉 식습관을 조절하고 운동을 보다 집중적으로 하면서 오메가-3를 섭취하면 훨씬 나은 효과를 볼 수 있을 것이다.

연구진들은 오메가-3가 인체의 지방연소 능력을 향상시켜 주는 것으로 추정했다. 과체중인 사람들은 지방연소 능력이 거의 손상돼 있는데, 오메가-3가 운동 시 근육으로 흐르는 피의 흐름을 향상시키고 연료로 사용돼야 할 지방을 운반하는 주요 효소가 활성화되도록 하여 체중 감량 효과가 발생했다는 추정이다.

실제로 비만 연구 결과 오메가-3 함유율이 높은 식사를 하는 아시아 문화권 사람들이 서구 사람들보다 훨씬 건강하고 날씬하다는 사실도 위의 추정을 입증해준다. 이는 외적인 측정에서도 명확히 드러나는데, 혈중 오메가-3 수치가 낮은 사람들은 체질량 지수가 높고 허리 치수가 크며 대사 증후군 위험이 훨씬 높다. 반면 오메가-3를 충분히 섭취한 사람은 오메가-3가 지방 연소를 증가시키고 과도한 지방 축적을 감소시키며, 포만감을 높이고, 염증과 대사증후군 같은 비만 합병증을 줄여주기 때문에 체형이 날씬해진다.

반대로 해산물을 많이 섭취하는 해안 지역의 주민들

도 내륙으로 이동해 땅에서 나는 생물을 먹고 살기 시작하면서부터 뚱뚱해지는 경향을 보였다고 한다.

6) 노인성 질병을 예방한다

호주 멜버른 대학 연구팀이 노인성 황반변성 환자 3,203명 등 총 88,974명이 포함된 9건의 연구를 진행한 결과, 오메가-3 지방산이 다량 포함된 등푸른 생선, 푸른 잎 채소, 호두, 대두유 등의 식사를 하면 후기 노인성 황반변성의 발생 위험이 38%나 낮아지며 주 2회 생선을 먹는 사람들은 초기 및 후기 노인성 황반변성 발생 위험이 모두 낮아졌다고 한다.

이는 오메가-3 지방산이 망막 신경세포층에서 중심적인 역할을 하기 때문인데 오메가-3 지방산이 결핍될 경우 끊임없이 소실되고 재생하는 망막 신경 세포가 망가지면서 노인성 황반변성이 유발되는 것이다.

노인성 황반변성은 노년기 실명의 주요 원인으로서 50세 이후 발생하며, 노화가 주된 원인으로 유전과 환경적인 요인이 병의 발생과 관계가 있다고 알려져 있다. 고지혈증과 같은 심혈관계의 위험인자도 병의 발생을 높일 수 있다고 한다.

비단 황반변성이 아니라도 인체가 노화하며 질병을 일으키는 이유는 다름 아닌 다양한 유해 물질이 몸 안에 쌓여 조직에 염증이 생기기 때문이다. 오메가-3는 기존의 식품을 통틀어 가장 훌륭한 항염 물질로서 노화로 인해 발생할 수 있는 다양한 노인성 질환을 예방한다.

7) 스트레스와 우울증을 감소시킨다

오메가-3 지방산 가운데 가장 중요한 가치를 인정 받고 있는 것은 앞서도 여러 번 언급한 DHA와 EPA이다. 특히 DHA는 뇌세포의 가장 중요한 성분으로서 부족할 경우 우울증, 정신분열증, 기억력 상실, 치매에 걸릴 가능성이 높아진다.

프랑스 국립보건의학연구원에 의하면 우리 몸에 없어서는 안 되는 필수지방산인 오메가-3, 오메가-6 지방산의 균형이 무너져 오메가-3 지방산이 부족할 경우 우울증이 발생할 위험이 높아진다고 한다. 쥐들을 대상으로 먹이를 통해 이 두 지방산의 불균형을 유도한 결과 오메가-3 지방산이 부족한 쥐들은 우울 증세를 나타냈다는 것이다.

나아가 오메가-3 지방산 부족 쥐들의 뇌를 관찰한 결과 보상, 동기, 감정조절을 관장하는 뇌 부위인 전전두피질(prefrontal cortex)과 측중격핵(nucleus accumbens)에서 신경세포를 연결해 주는 시냅스 기능에 없어서는 안 되는 카나비노이드 수용체 기능이 손상된 것으로 나타났다.

반면 오메가-3가 풍부한 생선을 먹으면 임신 중 우울한 기분을 완화시키는 데 도움이 된다는 연구 결과도 있다.

영국 브리스톨 대학 연구 팀은 임신 중 우울 증상과 오메가-3 지방산 섭취량과의 연관성을 밝혀냈다. 임신 32주째인 여성 9960명을 대상으로 생선 섭취와 기분에 관한 설문조사를 실시한 결과 1주일에 3회 미만으로 생선을 먹는 임신부는 3회 이상 먹는 임신부보다 우울증이 1.5배 더 많이 발생한 것으로 나타났다.

이 연구 팀은 임신 중 우울증은 산모와 태아 모두에게 해로우며, 우울한 기분을 호전시키기 위해서는 생선을 많이 먹는 것이 도움이 된다고 조언했다.

8) 숙면을 돕는다

밤에 충분히 못 자거나 자다가 자주 깨는 사람들이 많아지고 있다. 이런 이들에게도 오메가-3가 도움이 된다. 오메가-3 지방산을 많이 섭취하면 쾌적한 수면에 도움이 되기 때문이다. 영국 옥스퍼드 대학의 연구팀이 7~9

세의 아동 362명을 대상으로 실험한 결과, 아이들에게 일주일간 하루에 600mg의 오메가-3를 섭취하게 한 뒤 수면 상태를 관찰한 결과 매일 오메가-3 지방산을 섭취한 아이들은 평소보다 평균 1시간 가량 잠을 더 자는 것으로 나타났다.

이는 체내에 DHA가 부족하면 멜라토닌 수치가 낮아지고 이것이 수면 장애로 나타나는데, 이때 오메가-3를 보충해주면 수면이 편안해지고 질이 높아지기 때문이다.

9) 뇌 손상 조직을 개선한다

두뇌 건강은 평생 건강과 직결된다. 우리의 두뇌는 서서히 노화를 겪으며 손상되는데 뇌 손상은 치매와 알츠하이머, 기억력 감퇴 등을 불러오는 대표적인 요인이다. 이때 오메가-3 지방산이 노화에 따라 진행되는 뇌의 축소를 억제하는 효과가 있다.

미국 사우스다코타 대학의 제임스 포탤러 박사가 여성건강 - 기억력연구(WHIMS)에 참여한 여성 1천111명의 8년간 조사자료를 분석한 결과 이 같은 사실이 밝혀졌다. 오메가-3 지방산의 혈중수치가 높은 여성일수록 뇌의 총 용적(total brain volume)이 큰 것으로 나타났다고 포탤러 박사는 밝혔다. 오메가-3 지방산의 혈중수치가 7.5%인 여성은 3.4%인 여성에 비해 뇌의 용적이 0.7% 큰 것으로 밝혀졌다. 이는 나이를 먹으면서 진행되는 뇌세포의 정상적인 손실 속도가 1~2년 지연되는 것과 맞먹는 효과다.

특히 오메가-3 지방산 수치가 높은 여성은 뇌의 기억중추인 해마 영역의 용적이 2.7% 큰 것으로 나타났다. 이는 오메가-3 지방산이 노화에 의한 뇌의 위축에 수반되는 인지기능 저하의 속도를 늦출 수 있음을 시사하는 것이다.

오메가-3 지방산은 뇌의 염증을 억제하고 뇌의 발달과 신경세포 재생에 영향을 미치는 것으로 알려져 있다.

4장 내 몸을 살리는 오메가-3

1) 오메가-3와 질병

암

현대인들은 현대화와 도시화에 따라 다양한 질병으로 고통 받고 있다. 이는 보다 편리하고 풍족한 생활을 좇아 자연이 주는 바른 먹거리에서 떠나온 결과라 하겠다. 웰빙이 화두로 떠오르는 요즘 식생활을 개선하는 것만으로도 치명적인 질병을 예방할 수 있다는 연구 결과들이 등장하고 있는 것도 질병을 예방하기 위해서는 우선 식단의 개선이 필요하다는 것을 보여 준다.

오메가-3는 암 예방과 치유개선에 있어 중요한 역할을 담당하는 영양소다. 이는 암 환자들의 체내 산소량과 밀접한 관련이 있는데, 연구 결과에 따르면 암 환자는 대사 작용이 저하되어 혈중 산소량이 건강한 사람보다 부족하고 반대로 일산화탄소 농도는 높다.

오메가-3는 혈액에서 세포 내로 산소를 운반하는 역할을 한다. 암세포는 산소를 매우 싫어한다. 세포 내에 산소가 풍부하고 미토콘드리아가 튼튼하면 정상세포는 암세포로 변하지 않는다. 따라서 암 환자뿐만 아니라 건강한 사람도 암 예방을 위해서는 평소 세포 신진대사와 산소 이동에 도움을 주는 오메가-3를 충분히 섭취할 필요가 있다.

실제로 유럽암예방조사(EPIC)가 10개 유럽 국가를 대상으로 식습관을 분석한 바에 따르면, 매주 생선을 300~500 그램 이상 섭취하는 사람들의 경우 결장암 발병 확률이 30% 낮았으며, 스웨덴의 연구팀도 2,600명을 대상으로 조사한 결과 일주일에 한 번 이상 연어를 먹은 사람들은 그렇지 않은 이들에 비해 전립선 암 확률이 43% 낮았다고 한다.

이외에도 많은 연구들이 해산물이나 생선, 다양한 식

재료들에서 오메가-3 지방산을 충분히 섭취할 경우 다양한 암에 대한 저항력이 높아진다는 점을 보여주고 있는 만큼, 평소 암 예방에 신경 쓰는 이라면 반드시 오메가-3 지방산을 충분히 섭취할 수 있는 식단을 고려해야 할 것이다.

당뇨

현재 세계적으로 당뇨병을 앓고 있는 당뇨병 환자는 약 1억9천400만 명에 달한다. 암과 심혈관 질환을 제외하면 인류의 건강을 위협하는 가장 무서운 질병 중 하나다. 나아가 국제보건기구는 2025년에는 약 3억 인구가 당뇨로 고통 받을 가능성이 높다고 경고하고 있다.

오메가-3 지방산의 세포 개선과 항염 효과에 대해서는 앞서도 강조한 바 있다. 당뇨병은 흔히 혈당에 문제가 생겨 발생하는 질병으로 알려져 있지만, 이 당뇨병의 대부분은 주로 나쁜 식습관과 운동 부족에 의해 발생하며 체내에 발생하는 만성 염증과도 관련이 있다.

체내 면역시스템이 췌장 속 인슐린을 생산하는 세포를 공격해 발생한다.

최근 오메가-3가 체내 만성 염증을 줄이고 인슐린 내성을 억제하는 데 도움이 되는 것으로 확인된 바 있다. 오메가-3 지방산이 대식세포 수용체를 활성화시켜 염증을 억제하고 전반적인 인슐린의 감수성을 높인다는 것이다.

특히 지방세포 내 대식세포에서 관찰되는 GPR120이라는 신호전달물질 중 하나가 오메가-3 지방산 특히 DHA와 EPA 노출 시 강력한 항염 작용을 유발하는 것으로 나타났다. 나아가 생선 등 오메가-3 지방산이 풍부한 식사가 당뇨병 가족력을 가진 아이들에서 당뇨병 발병 위험을 줄이는 데 도움이 된다고 한다. 콜로라도대학교 연구팀이 1994~2006년에 걸쳐 1형 당뇨병을 앓는 부모나 형제가 있거나 유전 검사상 당뇨병 발병 위험이 높은 것으로 나타난 1770명의 소아를 대상으로 조사한 결과 혈액세포막 내 오메가-3 지방산이 충분한 아이들은 당뇨병 위험이 37%가량 낮은 것으로 나타났다.

비만

비만은 체내에 지방이 과도하게 축적되어 체중이 증가하고 원활한 대사 작용을 막아 다양한 합병증을 불러오는 질환이다. 이전에는 비만을 그저 살이 찐 상태로 보았던 반면, 최근에는 체내의 과도한 지방이 다양한 질병을 불러온다는 사실이 밝혀지면서 비만도 질환으로 분류되고 있다.

때문에 식습관의 교정과 절절한 운동 등으로 체중을 조절하는 것이 장수의 기본 요건이 되었는데, 여러 연구에 따르면 오메가-3 지방산을 충분히 섭취할 경우 과식을 억제하고 질병의 원인이 되는 독성 지방 세포의 염증을 막아준다.

비만 환자는 체중 조절보다 먼저 복부비만을 교정하는 것이 급선무다. 복부에 과도한 지방이 쌓이면 독성 지방 세포가 활성화되어 염증성 질환을 불러일으키는 독성 화학물질을 혈류로 방출한다. 이 독성 물질은 우리 몸 곳곳에 염증을 일으켜 다양한 질병을 불러오게 되는 것이다. 이때 오메가-3 지방산이 신체 세포 조직들을 독성 화학물질로부터 보호해 손상되는 것을 막아준다.

뿐만 아니라 같은 운동을 해도 오메가-3를 운동과 병행해 섭취한 사람들 쪽이 운동 효과가 높은 것으로 나타났다는 점도 오메가-3가 비만에 도움이 된다는 것을 보여준다. 나아가 오메가-3 지방산이 풍부한 해산물과 생선, 야채 등을 일상적으로 섭취하면 쉽게 포만감을 느끼게 되어 과식을 막을 수 있다.

심혈관 질환

심장 전문의들이 한결같이 말하는 심장 건강은 동맥 유연성과 곧바로 직결된다. 동맥의 유연성이 높을수록 심장 기능이 과부하를 받지 않아 수명이 길어지기 때문이다. 반대로 동맥이 딱딱할수록 압박이 커져 고혈압, 협심증과 같은 질환의 발생 가능성이 높아지게 된다.

오메가-3 지방산이 심혈관 질환에 도움이 되는 것도 이 물질이 혈류에 끈적끈적한 지방이 많아지면서 이것들이 혈관 벽에 쌓여 동맥을 딱딱하게 만드는 것을 방지해서다. 이는 오메가-3 지방산이 혈관을 확장시켜 유연하게 만드는 일산화질소 생산을 돕기 때문인데, 실제로 생선유 보충제를 꾸준히 섭취한 환자군은 동맥 유연화를 돕는 EPA 성분이 활성화되어 동맥이 예전보다 부드러워지는 현상을 나타냈다.

또 하나, 오메가-3 지방산은 혈중 지방을 낮추는 데도 기여한다. 정상적인 사람의 혈중에는 글릿린과 트리글리세이드라는 지방이 존재한다. 이 지방들은 콜레스테롤이라고도 불리는데 콜레스테롤이라고 해서 늘 해로운 것만은 아니다. 이 두 지방은 정상 수치를 유지할 때는 두뇌 조직의 구성 성분이 되고 지방 영양소를 세포 조직에 전달하는 좋은 역할을 한다. 하지만, 과도하게 늘어나면 혈관 벽에 쌓여 딱딱해지는 일종의 플라그를 형성해 동맥의 흐름을 막게 된다. 실로 혈액 속에 트리글리세이드 지방이 많을수록 심장마비 위험이 증가한다는 연구 결과가 있다. 이와 관련해 학자들은 오메가-3 지방산이 트리글리세이드의 혈중 수치를 낮춰준다고 강조한다. 즉 오메가-3 지방산이 콜레스테롤을 제거한다는 확실한 증거는 나오지 않았지만 오메가-3가 콜레스테롤 분자의 끈적거림을 현저히 줄임으로써 혈관 조직의 피해를 최소화한다는 점은 입증된 사실이다.

특히 이 오메가-3의 심장 보호 효과는 남녀노소 모두에게 해당된다. 비단 노년기나 장년기 만이 아니라 아이들에게 있어서도 오메가-3가 심장 강화 효과를 보인다. 따라서 어릴 때부터 충분히 오메가-3를 섭취해주면 평생 동안 심장과 심혈관 질환을 지킬 수 있다.

관절염과 류마티스

최근 오메가-3 지방산이 류마티스와 관절염의 예방에 큰 도움을 준다고 해서 더 큰 인기몰이를 하고 있다. 류마티스와 관절염은 면역체계의 문제로 인해 신체를 보호해야 하는 면역체계가 오히려 신체를 공격 대상으로 오인해 발생하는 질환이다.

가장 두드러진 증상은 관절에 염증이 생기면서 발생하는 심각한 통증인데, 과거에는 주로 면역력이 약한 노년층에게서 많이 볼 수 있었지만 최근에는 서구화된 식습관과 운동부족 등의 원인으로 젊은 층에게도 빠르게 확산되고 있다.

다행인 것은 대부분의 류마티스 관절염은 초기에 발견할 경우 간단한 식이요법을 통해서 부족한 영양분만 공급해줘도 증상을 호전시킬 수 있다는 점이다. 이때 가장 도움이 되는 음식이 등 푸른 생선인데, 등푸른 생선은 오메가-3가 풍부해 관절에 나타나는 염증을 완화시키는데 큰 도움을 주기 때문이다. 또한 오메가-3와 함께 면역력 증가에 도움이 되는 미역, 콩, 버섯 등을 함께 섭취해주면 더 좋은 효과를 볼 수 있다.

알츠하이머

최근 들어 알츠하이머가 노년의 삶의 질을 떨어뜨리는 주요 원인이 되고 있다. 치매라고도 불리는 알츠하이머가 무서운 질병으로 불리는 가장 큰 이유는 일단 발병하면 완벽하게 이를 치료할 수 있는 치료약이 없기 때문이다. 알츠하이머는 기억력의 점진적인 퇴행으로 뇌에 이상을 유발하는 질병으로 처음에는 가벼운 기억 장애 등으로 시작하다가 중증으로 갈수록 지적 기능(사고, 기억, 추론)에 심각한 장애를 유발해 일상생활을 어렵게 만들며 치매에 이르게 하는 병으로 치매의 일반적인 원인이 되는 병이다.

매우 서서히 발병하여 점진적으로 진행되는 경과가 특징으로 초기에는 주로 최근 일에 대한 기억력에서 문제를 보이다가 진행하면서 언어기능이나 판단력 등 다른 여러 인지기능의 이상을 동반하게 된다. 결국, 모든 일상생활 기능을 상실하게 되는 알츠하이머병은 진행 과정에서 인지기능 저하뿐만 아니라 정신적 · 신체적인 합병증까지 나타난다.

때문에 알츠하이머는 치료보다는 예방이 중요한 질병으로서 최근 중요시 여겨지는 두뇌 건강과도 밀접한 연관이 있다. 앞에서도 살펴보았듯이 인간의 두뇌에서 가장 중요한 구성 성분 중에 하나가 바로 오메가-3 지방산이다. 이 오메가-3 지방산의 수치가 내려갈 때 알츠하이머 발병 위험도 높아지게 된다는 것은 많은 연구들에서 이미 밝혀진 바 있다. 알츠하이머 환자들의 상태를 분석해본 결과 대부분의 환자들이 오메가-3 지방산의 일종인 DHA 수치가 낮은 경향이 뚜렷한 것도 이런 사실을 뒷받침해준다.

그렇다면 알츠하이머는 어떻게 발병하는 것일까? 알츠하이머 전문 학자들은 알츠하이머가 잘 알려진 유전적 요인 외에도 식습관과 생활습관 등과 깊은 연관이 있다고 주장한다. 염색체에 이상이나 유전자의 돌연변이가 있는 경우, 신경전달물질 경로 특히, 콜린 계통의 이상도 알츠하이머병의 원인이 된다고 알려졌다. 또한,

고령, 다운증후군, 저학력, 치매의 가족력 등도 알츠하이머병의 발병 위험 인자가 된다는 것이다. 나아가 평상시 고혈압, 당뇨, 고지혈증, 비만 등의 심혈관 질병을 앓고 있는 경우 이 질환들이 직·간접적으로 발병에 관여하는 인자가 되기도 한다.

알츠하이머를 예방하기 위해서는 생활 습관과 식습관의 개선이 필수적이다. 생선이나 견과류 등 오메가-3 지방산이 풍부한 음식과 녹차와 강황의 성분인 커큐민(curcumin)은 알츠하이머 예방에 도움된다. 또한, 퍼즐이나 게임은 기억 능력의 저하를 막고 두뇌기능을 유지하는 데 좋으며 많이 걷고 몸을 많이 움직이는 활발한 생활방식이 필요하다.

2) 오메가-3로 젊음을 지킨다

노화는 인간이라면 누구나 겪는 자연현상이다. 젊음을

때는 활력이 넘치고 누구보다도 건강했던 사람도 노인이 되면 몸 곳곳에 이상이 생기고 다양한 질병으로 고통 받는다. 이 역시 자연의 일부이니 받아들여야 하는 일이겠지만, 동시에 사람마다 노화가 진행되는 속도는 제각각 다르며 올바른 식습관과 건강 수칙을 통해 노화를 늦출 수 있다는 사실을 염두에 두어야 한다.

오메가-3의 기능들은 인간의 노화 현상도 일상의 노력을 통해 얼마든지 극복할 수 있다는 사실을 보여준다는 점에 큰 의미가 있다. 얼마나 오래 사는가가 아니라 젊음의 활력을 유지하면서 사는 것이 중요하다는 '건강한 장수'가 중요한 화두로 부상한 지금 오메가-3의 노화 방지 역할이 더 큰 주목을 받고 있는 것이다.

앞서 살펴본 질병들은 평범한 사람들이 노화를 겪으면서 얼마든지 앓게 될 수 있는 질병이다. 옛말에 소 잃고 외양간 고친다는 말이 있다. 평소에 조금만 노력해도 큰 질병을 막을 수 있다.

최근 다양한 건강기능식품이 인기를 끌고 있는 것도

평소의 건강 습관이 평생건강을 좌우한다는 사실을 많은 이들이 깨달아 가고 있는 증거라고 할 수 있을 것이다.

그렇다면 오메가-3와 함께 노화를 늦추는 일상 습관은 무엇이 있을지도 살펴봐야 한다.

- 식단을 점검하라

건강에 도움이 되는 오메가-3를 가장 잘 섭취하기 위해서는 평소 식단을 제대로 짜는 일부터 신경 써야 한다. 얼마나 제대로 된 음식을 제대로 먹는가도 결국 습관의 문제인 만큼 평소 자신이 먹는 음식을 철저히 점검해 건강한 음식을 섭취할 수 있도록 노력해야 한다.

오메가-3의 하루 권장량은 국제적 기준으로 500mg이다. 이것은 매주 등 푸른 생선을 2~3번 정도 섭취해야 하는 양이다. 특히 심장질환을 가지고 있는 사람은 보통 사람들보다 오메가-3 섭취량을 2배 정도로 늘리는 것이 좋다.

- 운동을 병행하라

오메가-3 식단이 노화를 방지하고 질병을 예방하는 한 방법인 것은 사실이지만, 그저 오메가-3만 충분히 섭취한다고 모든 재앙을 막을 수 있는 것은 아니다. 전문가들은 오메가-3를 섭취할 때 운동을 병행하는 것이 노화 방지와 질병 예방 효과를 몇 배로 높이는 방법이라고 조언한다. 운동도 습관화하려면 오랜 시간이 걸리는 만큼 무리한 운동보다는 하루에 30분씩 정기적으로 가벼운 운동을 해주면서 오메가-3를 섭취하면 보다 좋은 효과를 얻을 수 있다.

- 밝고 건강한 마음으로 생활하라

우리 몸과 정신은 불가분의 관계에 있다. 정신상태가 건강하면 몸도 건강하고, 반대로 정신이 약해지면 몸의 면역력도 떨어진다. 실제로 밝고 긍정적인 마음은 스트레스를 줄여주고 이로운 호르몬 분비량을 늘려 질병 예방과 노화 방지에 도움이 된다. 아무리 명약도 부정적인 사람에게는 효과를 내기 어렵다. 항상 건강과 행복을 다짐하며 범사에 감사하는 마음을 가지는 것이야말로 젊음을 유지하는 최고의 비결이다.

3) 오메가-3 건강기능식품을 적절히 활용하자

건강은 여러 요인들이 합쳐져 만들어진다. 규칙적인 습관, 긍정적이고 자신을 아끼는 마음, 영양을 고려한 식단, 이 모든 것들이 필요하다. 일단 이 모두가 습관으로 잡힌 사람은 그 습관을 유지할 능력이 있으므로 적절히 균형 잡힌 식사와 운동을 하는 것만으로도 충분히 건강관리를 할 수 있다. 그러나 영양상태가 나쁘거나 면역 능력이 저하된 경우는 다르다. 이미 면역 균형이 무너진 상태에서 염증 반응이 과도한 상태가 오래 지속되는 상황에서 오메가-3 지방산과 오메가-6 지방산의 섭취가 불균형하게 되면 인체에 심각한 영향을 줄 수 있다.

또 그 동안 꾸준히 건강 습관을 유지해왔다고 해도 복잡하고 바쁜 생활 속에서 이를 한결같이 유지하는 일은 결코 쉽지 않다. 따라서 현재 무리한 생활을 지속하고 있거나 한동안 식단 관리에 소홀할 수밖에 없다면 보다 효율적으로 영양을 섭취할 수 있는 방법을 찾는 것이 현명하다.

최근 건강기능식품 시장이 급성장을 거듭하고 있는 것도 보다 간편하게 영양 보충을 원하는 이들이 증가하고 있기 때문이다. 오메가-3 기능식품 역시 이러한 추세에 발맞추어 나날이 찾는 이들이 많아지고 있다. 그렇다면 어떤 오메가-3가 나에게 적합할지, 제품을 고를 때 어떤 부분을 주의해야 하는지도 살펴보도록 하자.

4) 좋은 오메가-3 고르는 법

오메가-3는 건강식품으로 매우 인기가 높기 때문에

그 종류도 놀랄 만큼 다양하다. 시중을 한 번 둘러보기만 해도 제품에 따라 가격과 효능이 천차만별이라는 점을 알 수 있을 것이다. 대표적인 오메가-3 제품으로는 정제어유 오메가-3와 식물성 오메가-3가 있다. 사람들이 가장 선호하는 오메가-3는 아무래도 그 역사가 깊은 정제어유 오메가-3다.

나아가 같은 정제어유 제품이라도 그 품질은 각각 다르다. 제품의 원료와 특징이 제품마다 모두 다르기 때문에 좋은 오메가-3 제품을 고르려면 여러모로 살펴봐야 할 점이 많다.

- 함량을 확인하라

하루 권장량을 섭취할 수 있는 고 함량 제품인지 확인해야 한다. 시중에 나와 있는 오메가-3 제품들도 오메가-3 성분의 함량이 각기 다르다. 오메가-3 권장량은 EPA, DHA 기준으로 하루 약 800mg 정도로, 제품을 고를 때 EPA와 DHA를 합해서 500mg 이상인 제품이 적당하다. 노르웨이는 하루 권장량을 정하지는 않았지만 심장병 병력이 있는 사람은 하루 권장량 2000~3000㎎을 권한다.

즉 병을 예방하는 차원이냐 아니면 치료를 돕기 위한 차원이냐에 따라 권장량이 다른 만큼 자신에게 맞는 권장량을 잘 확인하여 충분한 고 함량 제품을 선택하는 것이 좋다. 순도가 85% 이상으로 너무 높으면 고지혈, 동맥경화증 치료제인 의약품 기준의 제품이므로 의사의 처방이 필요하다.

- 안전성을 확인하라

효능도 효능이지만 보다 순수하고 안전한 오메가-3를 섭취하는 것이 중요하다. 제품을 만드는 원료의 원산지를 꼼꼼하게 확인하는 것도 그 때문이다. 상대적으로 오염이 적고 맑은 청정해역에서 원료를 얻은 제품을 고르도록 한다.

또한 정제 과정도 중요하다. 정제가 제대로 되지 않아

중금속이나 수은 등의 독성물질이 체내에 쌓여 배출되지 않으면 부작용을 일으킬 수 있는 만큼 건강기능식품으로서 안전성을 인정받은 식품을 섭취해야 한다. 오메가-3는 저열처리를 했는지, EPA와 DHA 함량이 충분한지, 오메가-3의 산화를 방지하고 오메가-3의 대사를 돕는 비타민 E가 충분히 들어있는지를 확인해서 선택하는 것이 중요하다.

- 섭취 시 호불호를 주의하라

오메가-3는 탁월한 효능에도 불구하고 다른 건강기능식품들에 비해 섭취 시 약간 고려해야 할 부분이 있다. 어류에서 추출한 오메가-3의 경우 약간의 비린내를 느낄 수 있으며, 제품마다 사람마다 느끼는 비린내의 차이가 있다. 막상 몸에 좋다고 사놓아도 비린내에 민감해서 섭취하지 못하는 경우도 종종 있기 때문이다. 제품이 문제가 없어도 섭취하고 난 뒤 지방대사가 약한 사람들은 비린내가 올라올 수 있다. 이럴 때 식사 전에 먹으면 냄새가 덜 올라온다.

- 산패에 주의하라

오메가-3는 영양학적 가치가 높은 오일 형태로 섭취 시 건강에 이롭지만 산패에 매우 약하다는 단점이 있어 유통기한과 관리에도 주의해야 한다. 한 예로 오메가-3가 풍부한 들기름의 경우 산패에 매우 약해 장기간 빛이나 고열에 노출될 시 산패가 일어난다. 이처럼 산패된 기름은 오히려 몸에 나쁜 물질로 변화한다.

적잖은 오메가-3 제품의 경우에는 섭씨 200도 이상의 가열과정과 화학 유기용매를 사용함으로써 분자구조의 변형 및 산패, 화학 용매 잔류 가능성이 있다. 따라서 오메가-3 제품을 고를 때는 안전한 추출 방식을 사용하는 제품을 고르고 구입 후에는 빨리 섭취하거나 보관에 주의하여 산패를 막도록 해야 한다.

마비 증상이 완화되다

권주옥(여) 경기도 수원시 영통구 이의동

증상 : 팔다리 통증, 마비

둘째아이 출산 후 왼쪽 팔 다리 어깨가 심하게 아프기 시작했습니다. 심지어 설거지도 못 하고 행주도 빨지 못할 정도로 심한 저림에 괴로웠고, 심지어 마비 증상도 찾아왔습니다. 해마다 산달이 되면 3개월 전후로 고통받았는데, 그야말로 돌이키기 싫은 시간들이었습니다.

그러던 중 언니로부터 혈액순환에 좋은 오메가-3를 소개받았고, 꾸준히 섭취했더니 2~3개월 만에 팔 다리가 저리는 통증이 사라지고 서서히 마비 증상도 좋아져서 지금까지도 마비 증상은 찾아오지 않고 있습니다. 가끔 환절기 때나 과로할 때면 약하게 통증이 생길 때도 있으나 그 때마다 오메가-3를 평소보다 2배 정도 먹어주면 1~2일 만에 증상이 사라집니다. 오메가-3는 항상 지니고 다니는 저의 귀중한 상비약입니다.

오메가-3 덕에 진통제와 헤어지다

장혜진(여) 경기도 성남시 분당구 이매동

증상 : 염증, 통증, 천식

저는 어릴 때부터 근육통과 두통, 생리통이 심해 자주 진통제를 복용해왔습니다. 그러다 20대가 넘어서는 2~3년에 한 번씩 방광염을 앓았지요. 빈혈도 있었고, 결혼과 출산 후에는 몸 상태가 더욱 급격히 나빠져서 환절기마다 두통, 생리통, 근육통으로 힘들었습니다.

그러다가 2007년에 지인의 소개로 오메가-3를 먹게 됐고, 그 뒤로 근육통, 생리통이 없어진 것은 물론 지금까지 8년째 방광염을 모르고 살고 있습니다.

제 아들도 그랬습니다. 건강하게 태어났지만 17~8개월 후부터 천식이 시작돼서 기침도 많이 하고 밤에 호흡곤란으로 호흡기 확장제를 사용할 만큼 힘들었었는데, 오메가-3가 천식에도 좋다기에 짜서 먹였더니 호흡이 좋아지고 기침이 가라앉는 것을 확인할 수 있었습니다. 오메가-3가 여러 가지 염증이나 통증에 좋다는 것을 몸소 경험하고 나니, 앞으로 더 꾸준히 섭취해야겠다는 다짐이 절로 듭니다.

고운 피부를 되찾을 수 있었던 비결

이은경(여) 경기도 고양시 일산서구 강선로

증상 : 염증, 습진, 탈모

어려서부터 모기나 벌레에 물리면 잘 부풀어 오르고 곪아서 살성 나쁘단 소리를 많이 들었어요. 환절기가 되면 손발에 습진도 생기고, 피부가 건조해 가렵고, 정전기가 잘 났던 체질이었지요.

그러던 2000년 10월부터 오메가-3를 먹기 시작했는데, 한 달 후부터 피부 가려움증이 없어지고, 습진도 안 생기고, 몇 달 째 안 낫던 상처가 깨끗이 나은 것을 경험했어요. 굳은살이 많던 발뒤꿈치도 매끈해지고, 2~3달 먹은 후부터는 얼굴에 여드름도 없어졌지요. 그 후 비타민과 함께 오메가-3를 꾸준히 먹고 어깨 뭉침과 생리혈도 좋아졌어요.

오메가-3가 염증에 탁월한 걸 알고 늘 코 안이 잘 헐고, 눈 다래끼나 입 주위에 포진이 자주 생기는 남편에게 오메가-3를 권했는데, 이젠 코도 안 헐고 눈 다래끼도 잘 안 생겨요. 꾸준히 먹다보니 머리숱도 많아지고 엄지 발톱이 살을 파고 들어가던 것도 없어졌어요.

우리 가족 건강 지킴이

우민주(여) 경기도 의정부시 신곡1동

증상 : 메니에르증후군, 어지럼증

2007년 머리를 들거나 돌리지도 못하게 어지럼증이 심한 메니에르증후군 진단을 받았습니다. 병원 약을 먹는 동안 심한 소화불량과 울렁거림 증상이 있지만, 어지러울 때마다 약을 먹으며, 다른 방법을 찾던 중 오메가-3를 소개 받았습니다.

오메가-3와 소화를 도와주는 비타민 B군과 같이 섭취하면서 한 달쯤 후에 증상이 좋아져서 어지럼증이 시작되면 2~3일 지속되던 것이 1~2일로 줄어들고, 신기하게도 두통과 비염이 완화되고 머리가 무겁고 어깨가 뭉치면서 목이 뻣뻣해지는 게 좋아지면서 몸이 가벼워졌습니다.

혹시 혈액이 맑아져서 머리로 가는 피도 맑게 해주는 거 같아서 ADHD진단을 받은 친구 딸에게 권했더니 몇 달 후 아이가 먹던 약을 끊고 학교에 잘 다니고 있습니다. 이젠 오메가-3는 친정엄마, 아들, 남편이 아프다고 하면 제일 먼저 권하는 소중한 우리가족 건강 지킴이가 되었습니다.

우리 아이들을 도와준 고마운 오메가-3

강승의(여) 서울 종로구 평창동

증상 : ADHD, 틱

2007년 어느 날, 조카에게 ADHD가 생겼다는 얘길 듣고, 병원에 가야하는지 약을 먹어야 하는지 우왕좌왕 했던 기억이 납니다. 학교 친구들과 친하지만 성적이 자꾸 떨어져 더 이상 같은 학교에 다닐 수 없을지 모른다는 불안감이 커지기 시작했습니다.

학원도 이곳저곳 알아보았지만 수업에 방해된다고 쫓겨나기까지 했지요. 그러던 와중 친구의 소개로 오메가-3와 다른 비타민, 미네랄 영양제를 소개 받아 동생에게 쥐어주었습니다.

3~4개월 정도 먹었을까? 학원에서도 쫓겨나던 하위권 녀석이 중상위권으로 번쩍 뛰어오르고 성격 또한 밝아졌다는 얘기에 뛸 듯이 기뻤습니다. 뇌로 가는 혈액

이 맑아져서 그런가? 신기하면서도 기특했던 기억이 납니다.

그러다가 아는 동생의 아들이 초등학교를 들어가는데, 심하게 컹컹 소리를 낸다는 얘기를 듣고 조카 이야기를 해 주었습니다. 이야기만 듣다가 직접 소리를 들어보니 아이의 목이 저러다 찢어지면 어쩌지 하는 생각이 들 정도였습니다.

오메가-3와 종합비타민제를 먹고 한 달 후 동생이 "언니, 우리 OO이 소리 안 낸다!" 라고 이야기 했을 때, 기뻐서 눈물이 났습니다. 알고 보니 그걸 고치려고 한약을 6개월간 매일 세 번씩(300만원 상당) 먹였고, 안 해본 것이 없다고 하더라고요.

오메가-3 약은 아니지만 우리 몸에 꼭 필요한 물질 누구보다도 제 몸이 더 잘 알기에 조카에게도, 친구 동생에게도 권해줄 수 있었답니다.

1) 오메가-3, 추출은 어떻게 하나요?

A : 일반적으로 오메가-3의 추출방식은 크게 유화제를 통한 방식과 분자증류방식 두 가지가 있습니다.

유화제란 오메가-3 기름을 추출하기 위해 사용하는 첨가물입니다. 현재 N사를 제외한 회사들은 유화제를 이용한 추출방식을 사용하고 있습니다. 일단 유화제는 등급에 따라 흡수율이나 안정성에 큰 차이를 보이므로 원료가 매우 중요합니다.

또 유화제 자체가 약품이며 종류도 다양해서 어떤 유화제를 쓰는지에 따라 품질도 달라집니다. 요즘처럼 바다가 방사능 중금속 오염에 노출되어 있는 경우 생선유에 녹아있는 이물질을 제거하기가 어렵기 때문에 불순물 없는 순수한 오메가-3를 얻어내기가 어렵다는 단점이 있습니다. 또한 이 때 고열처리를 하게 되면 오메가-3의 구조 자체가 파괴되기 때문에 사실상 오메가-3가 아닌 그냥 지방을 섭취하게 되는 셈입니다.

이런 문제를 극복하기 위해 연구해 낸 방식이 바로 분자증류방식입니다. 이 방법은 어떤 어종의 어유에서도 분자구조가 깨지지 않는 최상질의 오메가-3 분자만 추출해내는 매우 획기적인 기술입니다.

예를 들면 멸치, 잡어, 꽁치 등에서도 순도 높은 오메가-3를 추출할 수 있으므로 어떤 오염원으로부터도 안전합니다. 그럼에도 최상급의 연어를 원료로 사용하며 정제어유도 분자증류를 통한 매우 고품질의 안전한 오메가-3를 제공합니다.

2) 하루 섭취량은 어느 정도인가요?

A : 전문가들은 하루 오메가-3 섭취량을 최저 500mg

에서 2000mg으로 권하고 있습니다. 이는 일반적으로 오메가-3을 하루 두 번 내지 세 번 섭취하면 충족되는 분량입니다.

3) 오메가-3와 비타민 E를 함께 먹어야 한다는데 그 이유는 무엇인가요?

A : 첫째, 오메가-3의 흡수를 돕습니다. 둘째, 오메가-3의 산화를 방지합니다. 오메가-3는 기름이어서 유통과정에서는 물론 섭취 후 체내에서 대사과정 중에서도 산화를 억제하는 항산화제가 필요합니다. 따라서 오메가-3 제품엔 지용성 항산화제인 비타민 E가 들어있어야 합니다. 오메가-3는 1000mg 당 비타민 E가 최소한 15mg이 있어야 지방의 신선도가 유지되고, 오메가-3의 흡수율도 높아집니다.

4) 오메가-3의 부작용은 없나요?

A : 담낭을 제거하신 분이나 지방 대사가 약한 분들은 오메가-3를 드시면 뾰루지 같은 게 생길 수 있기 때문에 지방 대사를 높여주는 비타민을 함께 섭취하는 것이 좋습니다.

또 오메가-3를 섭취 후에 생선 비린내가 날 수도 있고, 트림이나 복부의 불편감과 같은 증상이 가볍게 나타날 수는 있지만, 1~2주일 정도 지나면 없어지기도 하고 컨디션에 따라 달리 느껴지기도 하므로, 소화가 안 되거나 몸이 가렵거나 하는 알러지 증상만 없다면 계속 드셔도 됩니다. 간혹 비린내가 심할 경우엔 식전에 드시면 비린내 나는 걸 피할 수 있습니다.

DHA나 EPA는 혈전 용해 작용을 해서 피의 지혈을 막는 효과가 있으므로 수술 전 환자나 고혈압 약을 드시거나 심장 수술을 하신 분들의 경우엔 의사와 상담하여 섭취해야 합니다.

5) 오메가-3의 효능을 잘 알기에 아이에게 생선과 해산물을 먹이고 싶은데 아이가 잘 먹지 않는데 방법이 없을까요?

A : 오메가-3는 성인뿐만 아니라 남녀노소 모두에게 적합한 영양소인 만큼 어릴 때부터 먹어주면 더욱 좋겠지요. 그러나 돌 전의 아이들은 아직 지방대사가 약하기 때문에 기름기가 많은 등 푸른 생선은 이유식으로 적합하지 않습니다. 또한 해산물에는 불완전 단백질이 많기 때문에 너무 어린 나이에 먹이는 것보다 두세 살이 지난 후에 먹이는 것이 좋습니다.

아이들에게 해산물을 먹이고 싶은 때에는 비교적 비린내가 적고 특별한 향이 없는 조기 같은 흰 살 생선을 조금씩 먹이면 좋습니다. 생선을 싫어하는 아이들은 아이가 좋아하는 채소나 다른 재료와 섞어서 전이나 완자 같은 요리를 해주는 것도 방법입니다.

최근에는 어린이를 위한 오메가-3 건강기능식품이 많으니 신뢰할 수 있는 브랜드의 제품을 선택하시는 것도 좋은 방법입니다.

6) 수술 후 회복기의 환자가 오메가-3를 섭취해도 괜찮을까요?

A : 오메가-3는 조직 손상을 막고 회복시켜주는 회복 기능이 풍부합니다. 특히 심장이나 뇌 수술 전력이 있다면 오메가-3가 특히 더 도움이 될 수 있습니다. 수술 후 환자는 염증을 방지하고 상처의 치유 속도를 높이는 것이 중요합니다. 즉 조직의 회복력을 높이는 음식과 보충제가 절실합니다. 오메가-3의 염증 완화 기능과 회복 기능은 수술 후 환자에게 도움이 될 수 있는 만큼 의사와 상담 후에 섭취를 고려해보시기를 권해드립니다.

7) 갱년기를 지나면서 점차 거칠어지고 주름이 많아지는 피부가 걱정입니다. 오메가-3가 미용에 도움이 될까요?

A : 갱년기에는 호르몬기능이 급격히 떨어지면서 지방 대사를 포함한 소화와 면역이 떨어져 피부도 건조해지고, 탄력도 떨어집니다. 이때 오메가-3를 드시면 도움이 됩니다. 탄력을 잃었던 피부가 매끄러워지고 푸석푸석한 머릿결도 좋아집니다. 단, 갱년기에는 소화, 흡수기능이 약해져서 오메가-3를 제대로 소화, 흡수하는 게 중요하므로 지용성 영양소를 소화시켜 줄 비타민 미네랄과 함께 드시면 훨씬 큰 효과를 얻을 수 있습니다.

오메가-3와 함께 하는 건강 식탁으로 내 몸을 지키자

아는 것이 힘이다. 건강에 대해서도 많이 알수록 한 번 뿐인 인생을 건강하게 무병장수할 수 있는 가능성이 높아진다. 중요한 지식을 많이 아는 것이 결과적으로 우리 삶의 건강을 지켜준다. 그러나 더 중요한 것은 자신이 아는 것을 얼마나 삶에 제대로 적용하는가일 것이다. 이 책의 목적은 무병 장수와 가족의 건강한 삶을 지켜줄 오메가-3 지방산에 대한 정보를 간결하고도 쉽게 전달하기 위한 것이다.

오메가-3는 현재 질병으로 고통 받는 현대인들에게 한 줄기 빛이 되어줄 만한 중요한 영양소다. 지금껏 오메가-3를 몰랐다면 여러분은 건강 지식은 50점에 불과하다고 해도 과언이 아니다.

다만 이 책을 읽고 얻은 지식만으로 건강이 보장되는 것은 아니다. 오메가-3 지방산의 중요성과 필요성을 알았다면 지금 당장 내 식탁에서 넘치는 부분과 부족한 부분을 살펴 점검해 보자. 지식이 즉각적으로 행동으로 바뀔 때야만 건강한 삶도 가능해진다. 이 책이 여러분의 건강과 일상을 보다 행복하게 이끌어 주리라 믿으며, 동시에 오메가-3의 효능을 많은 이들에게 알리는 데 도움이 되기를 바란다.

참고 도서 및 문헌자료

『노화와 질병』, 레이 커즈와일 · 테리 그로스만 지음 / IMAGE BOX

『식탁위의 비타민 미네랄 사전』, 최현석 지음 / 지성사

『비타민D혁명』, 소람 칼사 지음 / 비타북스

『의학 상식 대반전』, 낸시 스나이더맨 지음 / 랜덤하우스

『당신의 몸을 인터뷰하다』, 이삭 브레슬라프 외 지음 / 씨네스트

『면역력 슈퍼 처방전』, 아보 도오루 외 지음 / 김영사

『세포의 반란』, 로버트 와인버그 지음 / 사이언스북스

『분자교정요법』,박성호/한국분자교정학회

SBS스페셜 옥수수의 습격

함께 읽으면 두 배가 유익한 건강정보

1. 비타민, 내 몸을 살린다 정윤상 | 3,000원 | 110쪽
2. 물, 내 몸을 살린다 장성철 | 3,000원 | 94쪽
3. 면역력, 내 몸을 살린다 김윤선 | 3,000원 | 94쪽
4. 영양요법, 내 몸을 살린다 김윤선 | 3,000원 | 98쪽
5. 온열요법, 내 몸을 살린다 정윤상 | 3,000원 | 114쪽
6. 디톡스, 내 몸을 살린다 김윤선 | 3,000원 | 106쪽
7. 생식, 내 몸을 살린다 엄성희 | 3,000원 | 102쪽
8. 다이어트, 내 몸을 살린다 임성은 | 3,000원 | 104쪽
9. 통증클리닉, 내 몸을 살린다 박진우 | 3,000원 | 94쪽
10. 천연화장품, 내 몸을 살린다 임성은 | 3,000원 | 100쪽
11. 아미노산, 내 몸을 살린다 김지혜 | 3,000원 | 94쪽
12. 오가피, 내 몸을 살린다 김진용 | 3,000원 | 102쪽
13. 석류, 내 몸을 살린다 김윤선 | 3,000원 | 106쪽
14. 효소, 내 몸을 살린다 임성은 | 3,000원 | 100쪽
15. 호전반응, 내 몸을 살린다 양우원 | 3,000원 | 88쪽
16. 블루베리, 내 몸을 살린다 김현표 | 3,000원 | 92쪽
17. 웃음치료, 내 몸을 살린다 김현표 | 3,000원 | 88쪽
18. 미네랄, 내 몸을 살린다 구본홍 | 3,000원 | 96쪽
19. 항산화제, 내 몸을 살린다 정윤상 | 3,000원 | 92쪽
20. 허브, 내 몸을 살린다 이준숙 | 3,000원 | 102쪽
21. 프로폴리스, 내 몸을 살린다 이명주 | 3,000원 | 92쪽
22. 아로니아, 내 몸을 살린다 한덕룡 | 3,000원 | 100쪽
23. 자연치유, 내 몸을 살린다 임성은 | 3,000원 | 96쪽
24. 이소플라본, 내 몸을 살린다 윤철경 | 3,000원 | 88쪽
25. 건강기능식품, 내 몸을 살린다 이문정 | 3,000원 | 11쪽

건강이 보이는 건강 지혜를 한권의 책 속에서 찾아보자!

도서구입 및 문의 : 대표전화 0505-627-9784

함께 읽으면 두 배가 유익한 건강정보

1. 내 몸을 살리는, 노니 정용준 | 3,000원 | 94쪽
2. 내 몸을 살리는, 해독주스 이준숙 | 3,000원 | 94쪽
3. 내 몸을 살리는, 오메가-3 이은경 | 3,000원 | 108쪽

⇨ 내 몸을 살리는 시리즈는 계속 출간 됩니다.

독자 여러분의 소중한 원고를 기다립니다